建设机械岗位培训教材

附着式升降脚手架安全操作与使用维护

住房和城乡建设部建筑施工安全标准化技术委员会
中国建设教育协会建设机械职业教育专业委员会　组织编写

王 峰　王 平　主编

U0299809

中国建筑工业出版社

图书在版编目（CIP）数据

附着式升降脚手架安全操作与使用维护/住房和城乡建设部建
筑施工安全标准化技术委员会，中国建设教育协会建设机械职业
教育专业委员会组织编写，王峰，王平主编 .—北京：中国建筑
工业出版社，2016.6（2021.5重印）
建设机械岗位培训教材
ISBN 978-7-112-19490-2

Ⅰ.①附…　Ⅱ.①住…②中…③王…④王…　Ⅲ.①附着式
脚手架-工程施工-安全培训-教材　Ⅳ.①TU731.2

中国版本图书馆 CIP 数据核字（2016）第 123475 号

　　本书是建设机械岗位培训教材之一，内容包括：行业知识、职业要求、原理常识、
操作维护、安全作业、相关标准规范、现场常用标志标示等。本书全面系统地介绍了
附着式升降脚手架的工作原理、操作使用、日常维护、作业安全注意事项、施工管理
相关标准规范等方面的知识，具有较强的实践指导作用。

　　本书既可以作为施工作业人员上岗培训教材，也可以作为职业院校相关专业基础
教材参考使用。

　　责任编辑：朱首明　李　明　赵云波
　　责任校对：陈晶晶　姜小莲

建设机械岗位培训教材
附着式升降脚手架安全操作与使用维护
住房和城乡建设部建筑施工安全标准化技术委员会
中国建设教育协会建设机械职业教育专业委员会　组织编写
王　峰　王　平　主编

*

中国建筑工业出版社出版、发行（北京西郊百万庄）
各地新华书店、建筑书店经销
北京红光制版公司制版
北京建筑工业印刷厂印刷

*

开本：787×1092毫米　1/16　印张：6¼　字数：151千字
2016年6月第一版　　2021年5月第二次印刷
定价：**18.00**元
ISBN 978-7-112-19490-2
（28801）

建设机械岗位培训教材编审委员会

特别鸣谢：

中国建筑科学研究院北京建筑机械化研究院

中国建设教育协会秘书处

中国建设教育协会建设机械职业教育专业委员会

中国建设劳动学会建设机械技能考评专业委员会

中国模板脚手架协会

武警部队交通指挥部

全国建筑施工机械与设备标准化技术委员会

住建部标准定额研究所

中国工程建设标准化协会施工安全专业委员会

北京市建筑业联合会

河南省标准定额站

河南省安全监督站

中城建第六工程局集团有限公司

长安大学工程机械学院

沈阳建筑大学

国家建筑工程质量监督检验中心脚手架检测部

山东德建集团

江苏兴泰建设集团

重庆建工九建公司

大连城建设计研究院有限公司

北京燕京工程管理有限公司

廊坊凯博建设机械科技有限公司

中建一局北京公司

北京城建设计发展集团股份有限公司

中国建筑装饰协会施工委员会

中国工程机械工业协会施工机械化分会

中国工程机械工业协会标准化工作委员会

中城建第六工程局集团有限公司

中国新兴建设开发总公司六公司

前　言

附着式升降脚手架是一种新型的高层建筑施工工具，用以替代"外墙落地式脚手架"、挑架或挂架等传统脚手架结构，因其成本低、使用方便、适用性较强，在我国得到广泛应用。随着近几年我国高层建筑业的蓬勃发展，附着式升降脚手架技术也在不断进步，作业人员对于掌握附着式升降脚手架结构特点和施工工艺以及使用维护等均有了更高要求。

为推动附着式升降脚手架施工领域岗位能力培训工作，中国建设教育协会建设机械职业教育专业委员会联合住房和城乡建设部施工安全标准化技术委员会、中国建设劳动学会建设机械专委会共同设计了建设机械岗位培训教材的知识体系和岗位能力的知识结构框架，并启动了岗位培训教材研究编制工作，得到了行业主管部门、高校院所、行业龙头骨干厂、高中职校会员单位和业内专家的大力支持。住房和城乡建设部建筑施工安全标准化技术委员会、中国建设教育协会建设机械职业教育专业委员会、中国建设劳动学会建设机械专委会联合中国建筑科学研究院、北京建筑机械化研究院、国家建工质检中心施工机具检测部、武警部队交通指挥部培训基地会同骨干会员组织编写了本书。该书全面介绍了附着式升降脚手架行业知识、职业要求以及附着式升降脚手架基本原理、设备操作、维修保养、安全作业等相关技能要点，对于普及附着式升降脚手架专业施工知识将起到积极作用。该书既可作为施工作业人员上岗培训之用，也可作为高中职类学校相关专业的基础教材。因水平有限，编写过程如有不足之处，欢迎广大读者提出意见建议。

全书由中国建筑科学研究院建筑机械化研究分院王峰、王平主编并统稿，北京建筑机械化研究院孔庆璐、温雪兵、中城建第六工程局集团有限公司张凯任副主编，住房和城乡建设部建筑施工安全标准化技术委员会李守林主任委员、张良杰顾问委员担任主审。

国家建工质检中心施工机具检测部郭玉增、韦东、崔海波、刘垚；山东德建集团胡兆文、靳海洋、马志新、夏凯，北京建筑机械化研究院董威、王春琢、张淼、刘承桓、刘贺明、陈晓峰、王涛、鲁卫涛、谢丹蕾、陈赣平、孟竹；科技咨询中心侯宝佳、安志芳、全珍；标准研究室李静、刘惠彬、尹文静，廊坊凯博建设机械科技有限公司恩旺、鲁云飞、孟晓东；中国建筑业协会建筑安全分会梁洋，中国京冶工程技术有限公司胡晓晨、胡培林，大连交通大学管理学院宋艳玉，浙江开元建筑安装集团余立成，中建一局北京公司秦兆文；住建部标准定额研究所张惠锋、郝江婷、刘彬、姚涛；中国人民武装警察部队交通指挥部刘振华、林英斌；大连城建设计研究院有限公司靖文飞，北京燕京工程管理有限公司马奉公；江苏兴泰建设集团王学海，重庆建工集团九建公司于海祥；北京市建筑机械材料检测站王凯辉；中国新兴建设开发总公司杨杰；河南省建筑工程标准定额站朱军，河南省建筑工程安监站牛福增；廊坊市公安消防支队李保国；北京城建设计发展集团股份有限公司王晋霞，包钢职业技术学院鲁素萍，中城建第六工程局集团有限公司李世杰、王慧兴，北京建工集团安全部孙忠辅，北京建工集团有限责任公司刘爱玲，山东德建集团于静，衡水建设工程质量监督检验中心王敬一、王项乙；衡水学院工程技术学院王占海，中国建设劳动学会夏阳、龚毅，建设机械职业技能考评专委会唐绮，北华航天工业学院路梦瑶，河北工程大学机电学院王肖雨，康力电梯股份公司高来友、陈建华等参与了本书编写；书中插图由建设机械职业教育专业委员秘书处王金英绘制。

本书编写过程中得到了中国建设教育协会建设机械职业教育专业委员会、中国建设劳动学会建设机械技能考评专委会各会员单位的大力支持。成书过程得到了住建部标准定额研究所雷丽英、黄金屏处长，中国模板脚手架协会高峰秘书长，中国工程建设标准化协会、施工安全专业委员会廖永秘书长，中国工程机械工业协会施工机械化分会原秘书长施俐女士，北京市建筑业联合会付敬华女士，长安大学工程机械学院王进教授，中国建筑装饰协会关鹏刚副秘书长等业内人士不吝赐教，一并致谢。

目　　录

第一章 岗 位 认 知

第一节 行 业 认 识

一、附着式升降脚手架产生与发展

高层建筑施工脚手架的设置取决于建筑的高度、施工要求及其设置条件。当建筑高度超过 50m 时，采用落地式钢管脚手架不很经济，迫切需要更为安全经济的新型外作业脚手架，附着式升降脚手架这一新型产品就这样应运而生。

1985 年，广西一建公司研制了高层建筑"整体提升脚手架"，这类脚手架仅需搭设一定高度并附着于工程结构上，依靠自身的升降设备和装置，施工时可随结构施工逐层爬升，装修作业时再逐层下降。与传统的落地式脚手架相比，使用这种脚手架的经济性表现较好。

进入 20 世纪 90 年代，高层、超高层建筑急速增加，脚手架技术迅速发展，出现了诸如"整体提升脚手架"、"附墙爬升脚手架"、"导轨式附着式升降脚手架"等。因其特点均是"附着"在建筑物的梁或墙上，且这种脚手架不仅能爬升而且能下降，因此统称为附着式升降脚手架。

1991 年起，"整体提升脚手架"首先在海南省推广应用。在海口市农垦大厦（21 层）使用时，采用特慢速卷扬机和打孔钢带自控台做提升机具，简化了提升工艺。此后，在深圳、广州、沈阳、北京、上海等 20 余个大中城市的 200 多栋高层建筑工程中使用。其结构构造和工艺得到持续技术改进，例如提升动力设备，除了采用卷扬机外，也开始使用电动葫芦、手动葫芦；附着支撑构造改为吊拉式（或称为"吊撑式"）等。

1993 年，市场上出现了可分段提升的"整体提升脚手架"。

1994 年"新型模板和脚手架应用技术"项目被建设部列为建筑业重点推广应用十项新技术目录，附着式升降脚手架技术是其推广内容之一。

1996 年，"整体提升脚手架"的设计、生产、使用逐步走向专业化。

2000 年，建设部出台《建筑施工附着升降脚手架管理暂行规定》，对各类附着升降脚手架的设计、制作、安装、使用和拆卸制定了规范，使用安全性得到制度保障，附着升降脚手架的应用和发展逐渐步入正常发展的轨道。

2010 年，住建部发布编制《建筑施工工具式脚手架安全技术规范》JGJ 202—2010，附着式升降脚手架列为该标准内容之一，为附着式升降脚手架的工程应用提供了标准依据。

2015 年，住建部立项编制建筑工业产品标准《附着式升降脚手架》，标志着产品进入工业化成熟期，正式列入建筑工业产品行列，实现标准化生产。

二、附着式升降脚手架的优势

附着式升降脚手架的出现为高层建筑外脚手架施工提供了更多的选择,与其他类型的脚手架相比,具有如下特点:

1. 节省材料

建筑物全高度范围内仅需搭设 4～5 倍楼层高度的脚手架。与落地式满堂脚手架相比,显著节约脚手架材料和搭拆工作量。

2. 节省人工

附着式升降脚手架是从地面或者较低的楼层开始,一次性组装 4～5 倍楼层高的脚手架,然后只需进行附着升降操作,附着式升降脚手架的拆除作业,中间也不需倒运材料,可节省大量的人工。

3. 保证工期

由于附着式升降脚手架可独立升降,可节省塔式起重机的起重吊次;附着式升降脚手架爬升后底部即可进行回填作业;附着式升降脚手架爬升到顶后即可进行下降操作进行装修施工,屋面工程和装修工程可同时进行。

4. 防护到位

附着式升降脚手架的高度一般为 4～5 倍楼层高,这一高度刚好覆盖结构施工时支模绑筋和拆模板支承的施工范围,解决了挂架遇到阳台、窗洞和框架结构时拆模拆支承无防护的问题。

5. 安全可靠

附着式升降脚手架可在低处组装和拆除,全程配备防倾覆防坠落等安全装置,在架体防护内进行升降操作,施工安全可靠,避免了挑架反复搭拆可能造成的落物伤人、临空搭设等安全隐患。

6. 管理规范

由于附着式升降脚手架为定型化工业成熟产品,其设备化程度较高;在工地可按设备进行规范管理,因其只有 4～5 倍楼层高,附着支承在固定位置,连接点分布规律,便于检查管理。

7. 专业操作

因附着式升降脚手架不仅包含脚手架,而且含有机械、电气设备、起重设备等,要求操作者必须经专门培训,专业化操作提高效率,保证施工质量安全。

8. 文明施工

附着式升降脚手架是经专门设计、专业施工,且管理规范,极易满足文明施工的要求。

第二节　从业要求

一、岗位能力

岗位能力主要是指针对某一行业某一工作职位提出的在职实际操作能力。

岗位能力培训旨在针对新知识、新技术、新技能、新协作等内容开展培训，提升从业者岗位技能，增强就业能力，探索职业培训的新方法和途径，提高我国职业培训技术水平，促进就业。

在经过岗位能力培训以后，培训部门会组织培训学员参加岗位能力培训，合格者将可以取得岗位培训合格证书。学员通过专业培训后具备基础知识能力，是工伤事故及安全事故裁定中证明自身接受过系统培训，具备基本岗位能力的重要凭证，证明自己接受的专业培训和基本岗位能力，符合国家及行业标准、产品标准和施工规程对操作者的基础要求。

学员发生事故后，调查机构会追溯学员培训记录，社保机构也将学员基础知识能力合格、作业主管方是否开展岗前综合培训授权及安全从业准入类资格持证作为理赔要件。学员档案的生成、记录的真实性、档案长期保管显得特别重要。学员上岗后还须自觉接受安全法规、技术标准、设备工法，应急事故自我保护等方面的变更内容的日常学习，以完成知识更新。

国家实行先培训后上岗的就业制度，鼓励劳动者自愿参加职业技能考核或鉴定后，获得职业技能证书。学员参加基础培训考核，获取建设类建设机械施工作业岗位培训证明即可具备基础入岗知识；具备一定工作经验后，还可参加技能考核，获得相关岗位的职业技能证书。

二、从业准入

所谓从业准入，是指根据法律法规有关规定，对从事涉及国家财产、人民生命安全等特种职业和工种的劳动者，须经过安全培训取得特种从业资格证书后，方可上岗。

对属于特种设备和特种作业的岗位机种，学员应在获取岗位能力培训合格证书（含操作证），自觉接受政府和用人单位组织的安全教育培训，考取政府的特种从业类准入资格证书。附着升降脚手架属于住建部发布的特种作业安全监管范畴，从业人员应在基础知识能力培训合格基础上，考取建设主管部门有关安全从业准入资格资质证件方可从业；进入现场获得主管授权后方可上岗操作。

三、知识更新和终身学习

终身学习指社会每个成员为适应社会发展和实现个体发展的需要，贯穿于人的一生的、持续的学习过程。终身学习促进职业发展，使职业生涯的可持续性发展、个性化发展、全面发展成为可能。终身学习是一个连续不断的发展过程，只有通过不间断的学习，做好充分的准备，才能从容应对职业生涯中所遇到的各种挑战。

建设机械施工作业的法规条款和工法、标准规范的修订周期一般为3～5年，而产品型号技术升级更频繁，因此，对施工作业人员提出了持证期内在岗日常学习和不定期接受继续教育的要求，目的是为了保证操作者及时掌握设备最新知识和标准规范和有关法律法规的变动情况，保持施工作业者的安全素质。

附着式升降脚手架的操作者应自觉保持终身学习和知识更新、在岗日常学习等，以便及时了解岗位相关知识体系的最新变动内容，熟悉最新的安全生产要求和设备安全作业须知事项，才能有效防范和避免安全事故。

终身学习提倡尊重每个职工的个性和独立选择，每个职工在其职业生涯中随时可以选择最适合自己的学习形式，以便通过自主自发的学习在最高和最真实程度上使职工的个性得到最好的发展。兼顾技术能力升级学习的同时，也要注意职工在文化素质、职业技能、社会意识、职业道德、心理素质等方面的全面发展，采用多样的组织形式，利用一切教育学习资源，为企业职工提供连续不断地学习服务，使所有企业职工都能平等获得学习和全面发展的机会。

第三节 职业道德常识

一、职业道德的概念

职业道德是指所有从业人员在职业活动中应该遵循的行为准则，是一定职业范围内的特殊道德要求，即整个社会对从业人员的职业观念、职业态度、职业技能、职业纪律和职业作风等方面的行为标准和要求。属于自律范围，它通过公约、守则等对职业生活中的某些方面加以规范。

二、职业道德规范要求

住建部门发布的《建筑业从业人员职业道德规范（试行）》中，建筑从业人员共同职业道德规范：

（1）热爱事业，尽职尽责

热爱建筑事业，安心本职工作，树立职业责任感和荣誉感，发扬主人翁精神，尽职尽责，在生产中不怕苦，勤勤恳恳，努力完成任务。

（2）努力学习，苦练硬功

努力学文化、学知识，刻苦钻研技术，熟练掌握本工种的基本技能，练就一身过硬本领。努力学习和运用先进的施工方法，钻研建筑新技术、新工艺、新材料。

（3）精心施工，确保质量

树立"百年大计、质量第一"的思想，按设计图纸和技术规范精心操作，确保工程质量，用优良的成绩树立建安工人形象。

（4）安全生产，文明施工

树立安全生产意识，严格安全操作规程，杜绝一切违章作业现象，确保安全生产无事故。维护施工现场整洁，在争创安全文明标准化现场管理中做出贡献。

（5）节约材料，降低成本

发扬勤俭节约优良传统，在操作中珍惜一砖一木，合理使用材料，认真做好落手轻、现场清，及时回收材料，努力降低工程成本。

（6）遵章守纪，维护公德

要争做文明员工，模范遵守各项规章制度，发扬团结互相精神，尽力为其他工种提供方便。

提倡尊师爱徒，发扬劳动者的主人翁精神，处处维护国家利益和集体利益，服从上级领导和有关部门的管理。

第二章 常　识

第一节　术　语　与　定　义

1. 附着式升降脚手架　attached lift scaffold

搭设一定高度并附着于工程结构上，依靠自身的升降设备和装置，可随工程结构逐层爬升或下降，具有防倾覆、防坠落装置的外脚手架。

2. 整体式附着升降脚手架　attached lift scaffold as whole

有三个以上提升装置的连跨升降的附着式升降脚手架。

3. 单跨式附着升降脚手架　attached lift single-span scaffold

仅有两个提升装置并独自升降的附着升降脚手架。

4. 附着支承结构　attached supporting structure

直接附着在工程结构上，并与竖向主框架相连接，承受并传递脚手架荷载的支承结构。

5. 架体结构　structure of the scaffold body

附着式升降脚手架的组成结构，一般由竖向主框架、水平支承桁架和架体构架等三部分组成。

6. 竖向主框架　vertical main frame

附着式升降脚手架架体结构主要组成部分，垂直于建筑物外立面，并与附着支承结构连接，主要承受和传递竖向和水平荷载的竖向框架。

7. 水平支承桁架　horizontal supporting truss

附着式升降脚手架架体结构的组成部分，主要承受架体竖向荷载，并将竖向荷载传递至竖向主框架的水平支承结构。

8. 架体构架　structure of scaffold body

采用钢管杆件搭设的位于相邻两竖向主框架之间和水平支承桁架之上的架体，是附着式升降脚手架架体结构的组成部分，也是操作人员作业场所。

9. 架体高度　height of scaffold body

架体最底层杆件轴线至架体最上层横杆（护栏）轴线间的距离。

10. 架体宽度　width of scaffold body

架体内、外排立杆轴线之间的水平距离。

11. 架体支承跨度　supported span of the scaffold body

两相邻竖向主框架中心轴线之间的距离。

12. 悬臂高度　cantilever height

架体的附着支承结构中最高一个支承点以上的架体高度。

13. 悬挑长度 overhang length

指架体水平方向悬挑长度，即架体竖向主框架中心轴线至架体端部立面之间的水平距离。

14. 防倾覆装置 prevent overturn equipment

防止架体在升降和使用过程中发生倾覆的装置。

15. 防坠落装置 prevent falling equipment

架体在升降或使用过程中发生意外坠落时的制动装置。

16. 升降机构 lift mechanism

控制架体升降运行的动力机构，有电动和液压两种。

17. 荷载控制系统 loading control system

能够反映、控制升降机构在工作中所承受荷载的装置系统。

18. 悬臂（吊）梁 cantilever beam

一端固定在附墙支座上，用于悬挂升降设备或防坠落装置的悬挑钢梁。

19. 导轨 slideway

附着在附墙支承结构或者附着在竖向主框架上，引导脚手架上升和下降的轨道。

20. 同步控制装置 synchro control equipment

在架体升降中控制各升降点的升降速度，使各升降点都能达到荷载或高差在设计范围内、即控制各点相对垂直位移的装置。

第二节 附着式升降脚手架的分类

一、按架体使用性能分类

附着式升降脚手架从使用性角度分类，分为普通型和全钢型附着式升降脚手架。普通型即生产厂家加工架体的竖向主框架和水平支撑桁架，再通过普通钢管扣件搭接起来的架体，如图 2-1 所示；全钢型，也称集成式升降操作平台，该平台是由加工好的导轨、横杆、立杆、斜杆以及钢网片组合起来的附着式升降脚手架，如图 2-2 所示。

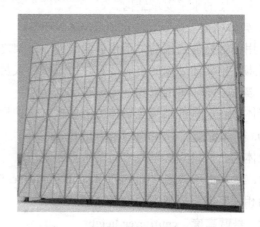

图 2-1 普通型附着式升降脚手架　　　　图 2-2 全钢型附着式升降脚手架

　　两者相比，普通型生产厂家只需加工竖向主框架和水平支承桁架，加工成本普通型架体远远小于全钢型，对于生产厂家来说资金投入较小，便于大规模生产，且由于普通型为现场用钢管扣件连接，所以遇到一些特殊结构尺寸时，灵活性较强，但也是因为普通型由钢管扣件搭接而成，相比全钢架，其结构刚性不如全钢架，安全系数相对较低。此外，普通型外侧防护一般采用塑料网防护，走道板为木板搭接，因此不具备防火性，外观视觉效果相对也较差，一般一些市政形象工程以及较高且形状规则的写字楼多采用全钢型附着式升降脚手架，而普通型附着式升降脚手架多用于民房等偏低建筑中使用。

二、按提升系统分类

　　附着式升降脚手架的升降系统是架体主要组成部分，按升降方式不同附着式升降脚手架可分为电动葫芦式、液压式、齿轮齿条式和蜗轮蜗杆式等多种，目前常用的种类有两种，电动葫芦式和液压式，如图 2-3 和图 2-4 所示。

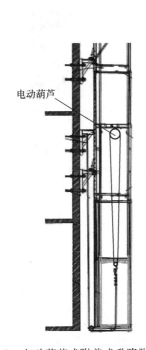
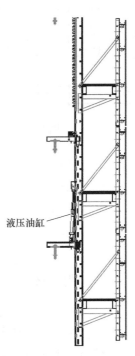

图 2-3　电动葫芦式附着式升降脚手架　　　　图 2-4　液压式附着式升降脚手架

　　对于液压式，一般应用于自重较大的架体上，其优点在于液压油缸的顶升力较大，能够满足爬升需要，升降过程避免链条存在的安全隐患，且油缸尺寸小，一人即可完成搬运油缸工作。而提升搬运电动葫芦则至少需要两人，相比大大减小了架体提升后工作量。此外液压油缸与电动葫芦相比，避免了用电安全隐患，防水性能更佳；不足之处在于每次提升行程较小，同步性能相对电动葫芦较差，且由于其动力是液压油缸，所以需另设液压系统，成本相对电动葫芦较高，此外液压油缸相对于电动葫芦，其抗污能力较差。

三、按提升时架体受力分类

　　按提升时架体受力情况，可分为偏心提升和中心提升两种。偏心提升是指提升设备设置在架体一侧进行升降工作，如图 2-5 所示；而中心提升是指提升设备设置在架体中心部位进行升降工作，如图 2-6 所示。

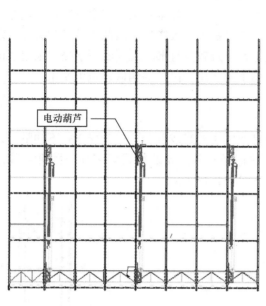

电动葫芦

图 2-5　偏心提升式　　　　图 2-6　中心提升式

两种提升方式对比，偏心提升式的架体由于电动葫芦设置在架体外侧，所以其架体中间通过性较好，但由于葫芦裸露在架体外侧，粉尘等污染较大，会影响葫芦的使用寿命。从受力分析，偏心提升的架体导轨除受沿竖向主框架方向的力外，还存在一个侧向的弯矩，这对于导轨的强度有了更高要求。

四、按卸荷方式分类

附着式升降脚手架按卸荷方式分类可分为支座卸荷和拉杆卸荷两种。拉杆卸荷是指通过拉杆将架体（包括承载物）重力直接传递到穿墙螺栓，再在通过穿墙螺栓传递到主体，如图 2-7 所示；支座卸荷是指通过销轴、顶撑、U 型环或扣件等构件将架体（包括承载物）重力传递到支座，再通过支座穿墙螺栓传递到结构的卸荷方式，如图 2-8a～2.8d。

两种卸荷方式相比，支座卸荷一般为多处卸荷，每次升降架体后卸

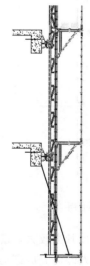

图 2-7　拉杆卸荷

荷操作方便，工作量小，且可以在任何高度位置转化使用工况，但是扣件及 U 型环等卸荷装置相比拉杆安全系数小，对于安装操作要求较高，容易误安装，不安全因素较多。此外支座卸荷一般在主框架或导轨不同位置安装卸荷装置，架体受力较分散，有利于架体结构的稳定。

五、按竖向主框架形式分类

竖向主框架承受由水平支承桁架和架体构架传递过来的力，并将力传递到卸荷支座，

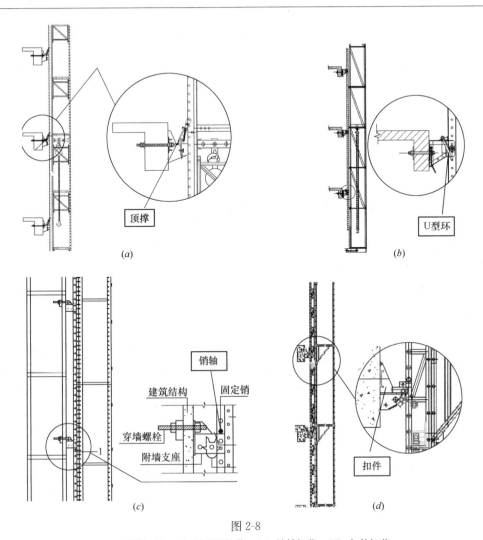

图 2-8

（*a*）顶撑卸荷；（*b*）U 型环卸荷；（*c*）销轴卸荷；（*d*）扣件卸荷

是架体的主要组成部分，附着式升降脚手架按竖向主框架类型可分为单片式和空间桁架式，如图 2-9 和 2-10 所示。

图 2-9　空间桁架式竖向主框架　　　　图 2-10　单片式竖向主框架

9

单片式竖向主框架为常见类型，此类架体在设计方面比较简约，节省材料及成本，在安装方面也节约工时，运输也比较方便，是目前传统架和全钢架上常用的形式；空间桁架式竖向主框架相比单片式在结构刚度上有明显的加强，但空间桁架结构增加了架体成本，且外侧一般需单独设计网片，也增加了部分成本，所以目前行业内用此类型竖向主框架结构的架体较少。

此外，市场上还有铝合金材质附着式升降脚手架等。

本书主要介绍几种常见附着式升降脚手架的分类及优缺点。

第三节　附着式升降脚手架的基本组成

附着式升降脚手架架体由竖向主框架、水平支承桁架、架体构架、升降系统、卸荷系统、防坠落系统、同步荷载控制系统以及其他辅助系统组成。如图2-11所示。

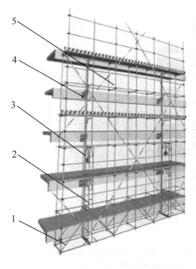

图2-11　附着式升降脚手架结构示意
1—水平支撑桁架；2—竖向主框架；
3—提升及荷载控制系统；4—卸荷及
防坠系统；5—架体构架

一、竖向主框架

竖向主框架是与附着支承结构连接，承受和传递竖向与水平荷载的重要承力机构，它不仅在受力过程中受到向下的施工荷载，还存在较大的水平力。因此必须要有足够的空间刚度，才得以符合脚手架在施工中良好的受力状态。竖向主框架由外立杆、横杆、廊道斜杆和导轨内杆组成；主要形式有片式框架、格构柱式框架和导轨组合框架等；市场上也有将主框架设计成定型空间焊接框架，其标准节高1.8m，每个定型空间桁架端头用法兰连接。采用定型焊接段组合结构，便于安装、运输和存放要求，同时便于装设附着连接、提升和安全装置。

二、水平支撑桁架

水平支承桁架以竖向主框架为承力支座，两端与竖向主框架节点板连接，上部与操作架钢管连接。水平支承桁架由中间片形框架、横杆、斜杆组成。一般采用48mm×3.5mm钢管，通过节点焊接板用螺栓连接组装而成。

当采用脚手杆件组装的桁架梁式构造并与操作架连接成一体时，可称为"架底构造梁架"；当采用定型的焊接桁架构造时，可称为"架底桁架"或"架底框架"。近几年在架底结构设计方面的主要进展为：架底构造梁架已趋于定型；为保证施工的安全性和操作的方便性，开始试用定型焊接结构（采用型钢或钢管）的架底桁（框）架。架底桁（框）架采用前后两片，各构件焊接连接，以确保节点较大的刚度，而两片之间的连接，则采用较为灵活的螺栓连接，以便于在现场随即进行拼装。水平桁架与竖向主框架间采取可转动铰连接，这样就清除了脚手架在受力过程中产生的次应力，使其受力更趋合理。另外，为解决悬挑段的拉吊问题，可在主框架上成组对称设置斜拉杆件。上部架体传下来的荷载通过斜拉条传递至竖向主框架上，可以大大改善水平支承结构的受力状况，无形中减小了水平支承结构的跨度，有效减小了它的挠度。

三、架体构架

架体构架是指竖向主框架之间、水平支承桁架之上的部分，包括内外排立杆、脚手板、连接杆件。在施工中架体构件承担施工荷载并传递给水平支承桁架和竖向主框架。一般传统附着式升降脚手架在内外排加剪刀撑，以增强架体的刚度，这也是架体构架的一部分。

四、防坠落系统

倾覆、坠落问题是导致附着式升降脚手架施工安全事故的"杀手"，从脚手架受力中，防倾是从水平约束上解决脚手架的稳定问题。在施工中，脚手架原则上不应有倾斜现象，并要求整体脚手架与建筑物保持一定的距离，确保平稳运行。但实际施工中，由于脚手架其荷载的不均匀性，一般均为偏心受力状态，存在前后及左右偏心，尤其在超高层结构施工时受到的很大的风荷载作用。在脚手架施工中各种不确定因素甚多，高层或超高层施工更存在着失稳甚至坠落的安全危害。为此，脚手架系统必须设置防坠落装置，而且不宜将防坠落装置与架体升降的附着支承装置合二为一，两装置作用于同一个结构上，易造成防坠落系统失效。

防坠落装置按照触发方式不同，可分为：靠速度触发和靠弹簧张紧度触发两种。一般按结构形式可分为：摆针式、钢吊杆式、转（星）轮式和楔块式四种，典型结构如图2-12～图2-15所示。后者是目前比较常见的分类方法。

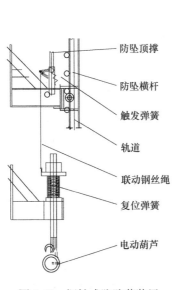

图 2-12 摆针式防坠落装置

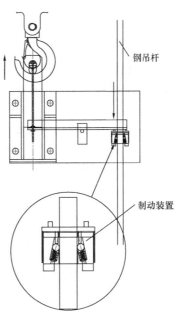

图 2-13 钢吊杆式防坠落装置

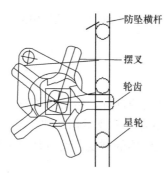
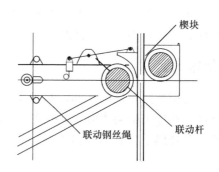

防坠横杆

摆叉

轮齿

星轮

楔块

联动钢丝绳

联动杆

图 2-14　转轮式防坠落装置　　　　图 2-15　楔块式防坠落装置

五、卸荷系统

卸荷系统是将架体可靠地固紧于建筑结构上的装置（包括在升降状态和使用状态），并将架体荷载有效地传递给建筑结构，附着装置上设置提升、防倾和防坠装置，是附着升降脚手架中最重要的受力关键部位。

常用的几种附着支承形式包括：（1）附着支承最早采用的悬挑支承结构，包括设置挑架、挑梁、挑桁架梁等；（2）吊拉式、套管（框）式；（3）由上述几种基本方式组成的挑轨式、套轨式、吊套式和吊轨式。

附着支承结构中的斜拉杆是该结构的关键承力构件，拉杆的设计应尽可能从节点的处理中消除或减少这种次应力影响，使拉杆受力状态能够清晰明了。工程中有采用类似于万向接头，可改善斜拉杆受力状态。另外，附着支承结构与工程结构的连接的"根"是穿墙螺栓，它的安全度直接关系到脚手架的整体安全度，通过上述的节点处理方式，也使穿墙螺栓的受力简化了。

附着式升降脚手架按卸荷方式分类可分为支座卸荷和拉杆卸荷两种。拉杆卸荷是指通过拉杆将架体（包括承载物）重力直接传递到穿墙螺栓，在通过穿墙螺栓传递到主体；支座卸荷是指通过销轴、顶撑、U型环或扣件等构件将架体（包括承载物）重力传递到支座，再通过支座穿墙螺栓传递到结构的卸荷方式，如图 2-16a～2.16d。

两种卸荷方式相比，支座卸荷一般为多处卸荷，每次升降架体后卸荷操作方便，工作量小，且可以在任何高度位置转化使用工况，但是扣件及 U 型环等卸荷装置相比拉杆安全系数小，对于安装操作要求较高，容易误安装，不安全因素较多。此外支座卸荷一般在主框架或导轨不同位置安装卸荷装置，架体受力较分散，有利于架体结构的稳定。

六、升降系统

升降系统包括升降设备、提升支座、穿墙螺栓三部分，部分产品使用钢丝绳连接升降设备和提升支座。

附着式升降脚手架可以采用整体升降方式，也可采用分段升降的方式。两种升降方式各有特点：整体升降可适应按整层流水的施工作业要求，周边一体也有利于保持升降时的整体性，但对安全方面有较高的要求，实现同步升降有一定的难度；分段升降可适应按分段流水的施工作业要求，升降容易掌握，但较费时费工。

升降设备主要采用以下 2 种：电动环链葫芦和液压提升装置，如图 2-17，2-14 所示。

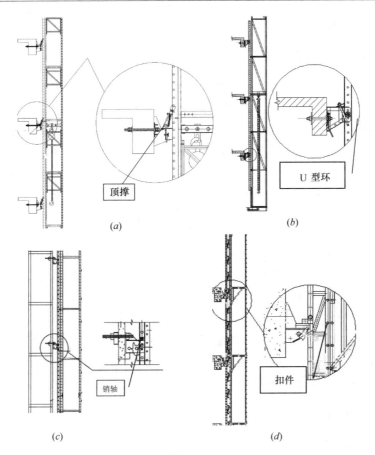

图 2-16

（a）顶撑卸荷；（b）U 型环卸荷；（c）销轴卸荷；（d）扣件卸荷

电动环链葫芦，主要由盘式制动电动机和行星减速器组装而成，可实现群体使用时的电控操作。虽然简便实用，但存在不少不利于安全管理的安全隐患，如铰链、翻链、断链和断轴等难以消除的问题，成为引发事故的主要原因之一。

液压提升设备和液压提升技术也开始应用于升降脚手架。目前已出现两种不同的液压设备和升降方式：一种用于吊拉式附着升降脚手架，采用穿心式液压千斤顶，带动架体沿支承杆升降，可用于分段或整体提升；另一种用于套轨式附着升降脚手架，采用类似自升塔机顶升装置的液压设备。

对于液压式一般应用于自重较大的架体上，其优点在于液压油缸的顶升力较大，能够满足爬升需要，升降过程避免链条存在的安全隐患，且油缸尺寸小，一人即可完成搬运油缸工作，而提升搬运电动葫芦则至少需要两人，相比大大减小了架体提升后工作量，此外液压油缸相比电动葫芦，避免用电安全隐患，防水性能更佳；不足之处在于每次提升行程较小，同步性能相对电动葫芦较差，且由于其动力是液压油缸，所以需另设液压系统，成本相对电动葫芦较高，此外液压油

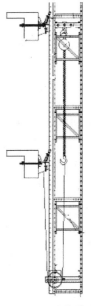

图 2-17 电动葫芦式附着式升降脚手架

缸相对电动葫芦抗污能力较差。

七、同步荷载控制系统

在附着整体升降的情况下，实现升降的同步，是防止升降脚手架出现过大的超载，以确保安全的关键。所以，荷载同步控制监测系统是必不可少的，控制监测系统一般由中央检测显示仪、中继站、载荷传感器、导线组成。中央检测显示仪为单板计算机，可同时监视、分析所有提升机位的载荷状况，一旦机位载荷超出预设范围或某机位产生卡阻，中央检测显示仪可发出声光报警信号、指示故障地址、切断动力电源，待故障排除后方可继续使用；中继站可中转来自中央检测显示仪与载荷传感器的信息，并简化信号传输线路；载荷传感器可将机位载荷转化为电信号；导线用于各电子装置间的电信号传输。

近几年来所取得的主要进展为：附着升降脚手架在每个提升机上设有保护装置，当出现障碍、超载或卡链等情况时，自动报警、显示故障位置并切断电源，使架体停止升降；最新研制成功的"限载联动防坠器"，根据弹簧钢的弹性变形与荷载的线性关系，调定限位开关的控制距离，将提升力的变化转化为限位开关的信号变化后，反馈到集群控制线路中，达到及时进行报替、显示、停机等自动控制。

《建筑施工工具式脚手架安全技术规范》JGJ 202—2010 中，附着脚手架要求当某一机位的荷载超过设计值的15％时，应采用声光形式的自动报警和显示报警机位；当超过30％时，应能使该升降设备自动停机。

八、其他辅助结构

1. 施工防护系统

附着式升降脚手架施工防护系统由密目安全网、钢丝网、平网、脚手走道板、扶手杆、内挡密封翻板等构成，应严格按照《建筑施工安全检查标准》JGJ 59—2011 要求和脚手架防护标准执行。

（1）每步架体外排及端部均设扶手杆1.2m，作业层架体外侧设置上、下2道防护栏杆。每步架体外挂密目安全网，内侧再满挂钢丝网片，防止钢管木枋穿网坠落。

（2）架体内挡空隙距离要求控制在0.20m，并且保证架体升降、支模和装饰需要。

（3）架体走道板可用木模板或铁笆铺设。架体最底一层铺脚手板前先铺密目安全网和平网兜底，以避免碎小杂物坠落。

（4）架体内挡应用木制翻板封闭，一般设于最后1步及第5步，翻板与走道板搭接应大于10cm，与结构搭接应大于15cm，翻板与走道板连接采用多股铁线连接，并于翻板上端设置保险拉线钩，当架体升降时翻板掀起后，用拉线钩将翻板钩挂在附着升降脚手架内排立杆上，底部一道翻板上覆盖密目安全网，以兜揽碎小块砾。

（5）附着升降脚手架应设安全踢脚板，高度在大约18cm处，安装在操作层安全网外侧，并与立杆绑扎。

2. 地面支承桁架

地面支承桁架是在架体搭设初期，在提升前为搭设方便而建立的施工平台。一般传统支架在搭设时都是由钢管扣件与加工好的水平支承桁架和竖向主框架拼接起来，这一过程是在地面支承桁架上进行。

3. 临时拉结

临时拉结是在架体使用中由于上侧悬臂部分较大，加之高处风载较大，为了避免架体倾覆或变形而设置的连接结构。一般拉结与的建筑结构连接或与屋顶预理的构件连接，随着建筑主体的升高，拉结逐层设置，所以叫临时拉结。如图 2-18 所示。

屋顶临时拉结

图 2-18　施工现场临时拉结

第四节　工　作　原　理

附着式升降脚手架主要是通过附着支承结构附着在工程结构上，依靠自身的升降设备实现升降的悬空脚手架，即沿建筑物外侧搭设一定高度的外脚手架，并将其附着在建筑物上，脚手架带有升降机构及升降动力设备，随着工程进展，脚手架沿建筑物升降。

一、架体升降工作原理

导向装置和附墙支座独立设置，每层楼安装一个导向装置（内置防坠器），以对轨道进行导向，防止坠落，附墙支座悬挂电动葫芦和荷载同步控制装置，启动电动葫芦，脚手架在导向装置导向下徐徐上升，在提升过程中，如遇每吊点重量变化或提升不同步情况出现，荷载同步控制装置自动制动，电源自动断电。

二、防坠落装置分类及工作原理

目前常用的四类防坠落装置原理如下。

1. 摆针式防坠落装置

摆针式防坠落装置是应用较广的防坠落装置形式，一般又可分为靠弹簧张紧度触发式和靠速度触发式两种，如图 2-19 和图 2-20 所示。

靠弹簧张紧度触发的摆针式防坠落装置是一种靠与电动葫芦连接的钢丝绳或弹簧张紧度控制的防坠落装置，其工作原理是在升降过程中电动葫芦链条张紧时摆针被联动钢丝绳拉开，与轨道上的防坠小横杆脱离。当电动葫芦突然松开架体坠落时，与

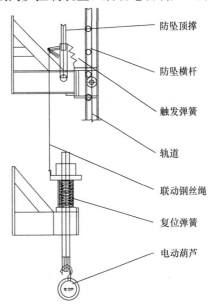

防坠顶撑

防坠横杆

触发弹簧

轨道

联动钢丝绳

复位弹簧

电动葫芦

图 2-19　靠弹簧触发防坠落装置

15

摆针连接的钢丝绳松弛，摆针靠出发弹簧的拉力向轨道一侧倾斜，此时摆针顶在防坠小横杆上，实现制动作用，如图 2-21 所示。

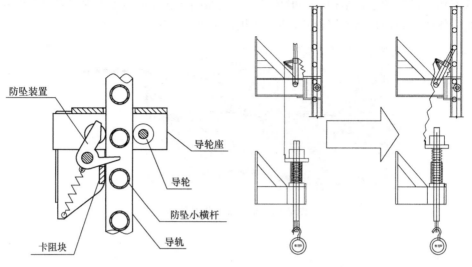

图 2-20　靠速度触发摆针式防坠落装置　　图 2-21　靠弹簧张紧度触发的摆针式防
坠落装置工作原理图

　　此类防坠落装置的优点在于工作可靠，制动有效，设计结构简单，加工及装配精度要求不高，且受现场环境影响较小；其不足之处在于装置结构尺寸较大，触发过程时间较长，制动距离较大，架体自身冲击荷载大，坠落后容易出现结构件开焊变形现象，且每次提升或支座移位后需要重新调整联动钢丝绳的张紧度，工作量加大。

　　靠速度触发摆针式防坠落装置一般也分为两种，一种是靠自重复位式的（如图 2-22 所示），一种是靠弹簧复位的（如图 2-20 所示）。这两种都是依靠速度触发的，不同点在于其复位方式。以自重复位式靠速度触发的摆针式防坠落装置为例，其工作原理是当架体正常升降时，防坠小横杆拨动摆针，摆针在架体下落或上升防坠小横杆间距的位移过程中能复位，当架体下突然下落时，摆针在架体下落两个防坠小横杆间距大小的位移时间内不能完全复位，此时防坠小横杆搭设在制动摆针上，实现制动作用。如图 2-22 所示。

　　此类防坠落装置的优点在于其制动距离小，架体自身冲击荷载小，结构尺寸小，由于

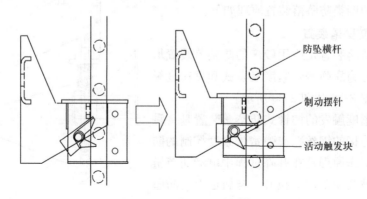

图 2-22　靠速度触发摆针式防坠落装置工作原理图

其防坠装置融合在附墙支座中，每次提升或移动支座后不必再次调整，工作量较小；缺点在于其装配及安装尺寸要求较严格，且受环境污染等因素影响较大，容易出现卡死现象，影响正常升降，且由于尺寸较小，对于工作装置材质的韧性和强度要求较高，加工精度要求也更高。此外，对于弹簧复位的摆针式防坠落装置弹簧失效也是常见问题之一。

2. 钢吊杆式防坠落装置

钢吊杆式防坠落装置是一种依赖通过附着在建筑主体上的钢吊杆起作用的防坠落装置。对于钢吊杆式防坠落装置，其工作原理图如图 2-23 所示，当电动葫芦链条张紧时，通过杠杆原理将一侧的制动触发弹簧压紧，卡块与钢吊杆分离，一旦链条突然松开，触发弹簧将推动制动卡块向上移动，卡住钢吊杆，从而起到制动作用。

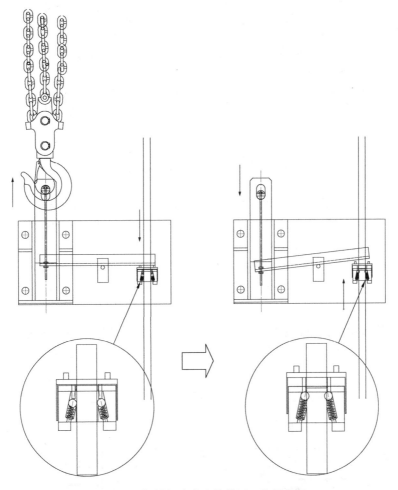

图 2-23　钢吊杆式防坠落装置工作原理图

对于此类防坠落装置，其优点在于其触发时间短，下坠距离一般较小，架体冲击载荷小，工作可靠；其缺点是钢吊杆需要通过另设支座固定在主体上，提升后需要重新固定钢吊杆，工作量增加，制造成本也增加了，且对于钢吊杆的垂直度要求较高，如果钢吊杆变形或安装垂直度偏差较大，将无法正常提升，此外受环境污染影响较大。

3. 转轮式防坠落装置

转轮式防坠落装置又称星轮式防坠落装置，一般整合在附墙支座中，依靠转轮与锁止装置配合实现防坠功能。此类防坠落装置分为靠自重复位和靠弹簧复位两种形式。以靠自重复位的转轮式防坠落装置为例，其工作原理如图 2-24 所示。架体在正常上升时，星轮能正常转动；当架体正常速度下降时，轮齿转过摆插后靠自重下坠，使得下侧摆插齿与轮齿不接触，正常复位摆插不会锁死星轮，当架体突然加速下降，轮齿转过摆插后摆插未及下落复位便与轮齿立即锁死，实现制动作用。

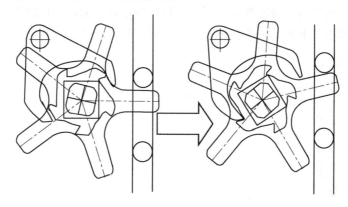

图 2-24　靠自重复位的转轮式防坠落装置工作原理图

此类转轮式防坠落装置其优点在于此类防坠落装置一般都是安装在附墙支座内，结构尺寸小，安装后无须调试便可使用，工作可靠，且一般其制动距离较小，架体下坠冲击较小；缺点是在星轮与防坠小横杆的设计上要求较高，如果尺寸设计不合理，很容易出现卡死或无法有效制动，且由于其尺寸较小，对于材料的要求也较高，此外环境污染对其影响也较大，防尘措施不到位很容易出现卡死现象，每次回库都要进行清灰工作，变相地增加了成本。

对于靠弹簧复位的转轮式防坠落装置，其工作原理与前述靠自重复位的转轮式防坠落装置不同点在于当防坠横杆波动转轮一个齿后，转轮靠弹簧弹力自动复位，架体下落拨动转轮使其速度达到一定值，此时转轮转过一个防坠横杆但不能及时复位，而是被下一个落下的防坠横杆挡住，架体搭设在转轮上实现制动效果，工作原理示意图如图 2-25 所示。

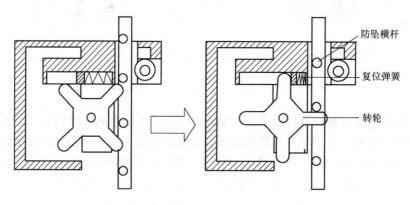

图 2-25　靠弹簧复位的转轮式防坠落装置

靠弹簧复位的转轮式防坠落装置其优点在于制动灵敏有效，工作可靠，工作装置整合在附墙支座内，结构紧凑，便于运输和安装；但此类防坠落装置要求转轮的尺寸和复位弹簧最大压缩量时位置设计精准，否则不能很好地起到制动作用，且由于结构尺寸小，对于转轮的材质要求较高，此外制动距离较大，一般超过规范要求，粉尘污染对其影响也较大。

4. 楔块式防坠落装置

楔块式防坠落装置是一种依靠楔块与轨道一直的摩擦力实现制动作用的防坠落装置形式。其工作原理如图 2-26 所示。联动钢丝绳与葫芦链条连接，当链条张紧时，楔块通过联动杆被提起，不与轨道接触；当葫芦链条松开，楔块将下移与轨道接触，由于摩擦力的作用楔块紧靠在导轮一侧，另一侧与轨道摩擦，通过两者之间的摩擦力实现制动作用。

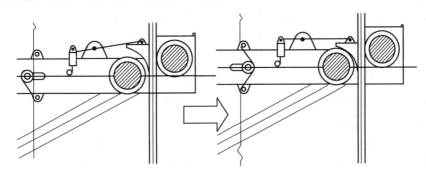

图 2-26　楔块式防坠落装置工作原理图

此类防坠落装置其优点在于结构简单，由于其靠摩擦力制动，所以架体自身冲击较小，可以有效保护架体；其不足处在于其制动距离大，且由于其依靠摩擦起作用，因此其制动效果受外界因素影响较大，如装配间隙、粉尘污染等，且每次提升或安装时，需调整联动钢丝绳的长短，设置楔块合理的位置，对于现场人员的素质要求较高。

第三章　附着式升降脚手架的使用

第一节　企业资质、产品认定及检测

附着式升降脚手架的行政管理以如下制度为核心。

1. 产品认证制度：鉴于目前各种类型和型号的附着式升降脚手架均不属于工业化标准产品，其进入施工现场都必须经过相应的专家委员会审查论证后，方准许在实际工程中使用。

2. 专业施工承包企业资质许可制度：对承包附着式升降脚手架工程任务的专业施工队伍实施资质许可，经审查合格取得许可的，可进入市场承揽工程任务，否则不得进入市场承揽工程任务。由于附着式升降脚手架不能完全实现工厂化生产和定型化，在专业施工承包企业资质条件中，应规定必须具有设计、制作附着升降脚手架的能力。

3. 申报登记制度：对使用附着式升降脚手架的工程项目实行申报登记制度，以利政府监督部门及时实施监督管理。

4. 检验检测制度：已经认证的附着式升降脚手架在每一项具体工程上的使用，都应在安装后，先进行检验检测合格，方可投入使用。

一、企业资质

根据现行法规规定，对附着式升降脚手架专业施工承包企业资质许可应由省、直辖市、自治区建设行政主管部门或建设部实施。

附着式升降脚手架专业施工承包企业资质条件应主要包括：产品设计和加工能力，处理工程应用技术能力，确保安全作业的施工管理能力。具体资质条件详见表3-1。

附着式升降脚手架专业施工承包企业资质条件　　　　　　　表 3-1

序号	资质要求	基本要求
1	具有产品设计和确保产品加工质量的能力	1) 具有可承担及其改造、更新产品和工程应用配件、调整部件的技术与加工工艺设计的职能部门和技术人员； 2) 具有可承担全部或主要部件加工与总装任务的加工能力和条件，包括设施、设备和人员； 3) 具有可保证产品质量的质量保证体系
2	具有处理工程应用技术能力	1) 能承担工程应用的布点设计工作； 2) 能承担工程应用时对产品增加配件、调整和局部应用要求处理措施的设计工作； 3) 能承担编制工程应用安全技术措施的编制工作或提供有关规定和要求； 4) 能解决和处理施工应用中产品出现的问题； 5) 具有与厂家、施工单位合作和协调的能力

序号	资质要求	基本要求
3	具有确保安全作业的施工管理能力	1）具有适应专业分包施工单位的组织机构、人员、设备和运作机制； 2）具有与工程施工总包配合，适应项目定岗、定人、定责任等管理要求的能力和条件； 3）具有训练有素的管理人员和作业工人； 4）具有切实有效的施工安全保证体系； 5）具有及时反馈施工问题、避免安全隐患孕育发展的反应机制

在进行资质认证时，需要将资质条件转为具体规定和考核项目，这涉及对机构、人员、设备、管理制度和从事相关业务的经历等。此外，应有等级划分，主要是根据该企业的规模，确定其承揽业务的范围，以避免出现超越自身能力和条件承揽业务。例如，只具有承担5个在施工程能力的分包单位接受多于5个工程项目任务时，就会出现因能力不够而带来的问题。

使用附着式升降脚手架的工程项目，应向当地建设主管部门申报登记并接受监督检查的制度，这是对附着升降脚手架实行行政管理的重要组成部分。

实行申报登记制度是加强监控管理的有效手段，可较好解决附着式升降脚手架工程应用出现的一些问题，主要作用体现在以下几个方面：

① 确保及时和全面地掌握附着式升降脚手架在当地建筑工程中的使用情况；

② 通过监督检查，可及时地制止未经认证的产品在工程中应用和及时取缔不具有认定资质的附着式升降脚手架承包企业承揽业务，解决这一市场中存在的混乱局面；

③ 通过监督检查，及时发现和解决在工程应用中存在的问题，确保使用安全，避免或减少事故的发生；

④ 通过监督检查，及时发现监控管理工作中存在的问题和不足之处，改善和完善相应的管理制度和做法，以不断地提高管理水平。

工程项目申报登记制度由项目所在地安全监督机构实施。登记应提供的资料：

① 工程项目概况、附着升降脚手架专项施工方案；

② 产品认证证书复印件（原件检查后发还）；

③ 附着升降脚手架设计资料（经认证认可的）；

④ 附着升降脚手架专业承包企业资质证书复印件（原件检验后发还）；

⑤ 现场技术管理和作业人员名册及特种作业资格证。

二、产品认定

因附着式升降脚手架的技术要求高，其产品认证工作应由省、直辖市、自治区建设行政主管部门或建设部组织专家委员会进行认证。专家委员会应由结构、机械、检测、安全管理等方面的专家组成。

认证工作程序和要求应由住建部和各地建设主管部门详细制订。产品认证是附着式升降脚手架行业管理中的关键环节，是具有较高科学性、严格性和代表性要求的工作，应重点把握以下几个原则：

① 建立健全进行产品认证工作的基础条件。包括：行业管理的行政法规、技术标准和其他有关规定（这是进行认证工作的主要依据文件）；工作程序及相应的工作制度（包括文件和表格等，这是进行产品认证的工作文件）、工作人员的培训以及工作责任制度（这是保证认证工作人员和组织条件）等。

② 确保认证工作的规范性，即认证工作必须严格地遵守规定的工作程序、工作制度和技术与管理标准。见表 3-2。

③ 确保认证工作的严肃性。即工作要严格细致，确保认证工作的质量。

④ 坚持复查制度。即对认证产品坚决进行定期和不定期的复查，通过复查，一方面可以及时发现和解决认证时没有发现或者在使用中新出现的问题，另一方面也可以监督和制止不遵守认证要求和行为，以促进技术发展和确保使用安全。

⑤ 坚持档案管理的制度，对认证产品必须建立起齐全的档案材料及其管理。档案材料应采取规范化的格式，以便实现微机管理。

附着式升降脚手架产品认证的工作程序和要求 表 3-2

序号	认证工作程序	要求
1	向建设主管部门领取《附着式升降脚手架产品认证申请表》和《附着式升降脚手架产品认证工作细则》	《认证申请表》和《认证工作细则》由建设主管部门编制
2	申请单位填报《申请表》，并按《产品认证工作细则》的要求向建设主管部门报送产品认证申报材料	材料应齐全和符合认证要求
3	建设主管部门在审查申报材料后，向申请单位发出《认证工作通知书》	通知要求补充、澄清说明或补报材料，检验检查的复验项目及其安排
4	在申报、补报和复验结果等材料齐备后，建设主管部门进行产品认证的审定评估工作	建设主管部门认为有必要时，可组织专家评审会进行审定评估
5	建设主管部门发出产品认证通知书	对获得认证通过者签发《评估证书》；对未获得通过者，则指出未通过的原因和问题

三、检测

附着式升降脚手架的检验检测由具有相应资格的检验检测机构实施。国家建筑工程质量监督检验中心脚手架与施工机具检测部具备承担此类的委托检测和型式试验工作的能力，具备丰富的工程检验、分析、评估经验。

根据有关标准设立的主要检验项目：

a. 按产品的设计荷载，使用条件和工况确定安全度检验项目；

b. 按产品设计安全度的要求确定安全度检验项目；

c. 防倾覆装置和防坠落装置的设计性能检验项目；

d. 根据使用要求确定的其他检验项目；

e. 倒链、钢丝绳等已检产品根据需要确定复检项目。

各种类型附着式升降脚手架，通过检验后，方可投入使用。现在安装完毕后需通过监理、总包和租赁方三方验收以及具有相关资质的第三方检验机构验收合格后方可正常使用。

第二节　架体安拆前准备工作

一、操作条件

（1）作业人员必须经过岗前知识能力培训合格，具备安全类从业准入资格后方可持证上岗，戴好安全帽，系好安全带，穿防滑鞋，衣着方便，衣服袖口裤口扎好，严禁无证作业；

（2）安装或拆除脚手架时架体下方必须划出安全区，设置警戒标志，派专人进行看护，任何人员不得入内；

（3）吊装或拆除时必须有专门负责指挥信号工作人员；

（4）当进行到楼层出入口上方的架子进行安装时，出入口应暂时封闭；

（5）五级及以上大风、雨雪天、夜间严禁进行安装或拆除作业；

（6）混凝土强度达到10MPa后方可安装附墙支座进行提升，同时提升时安装吊挂件处混凝土强度不得低于20MPa。需设置同条件试块进行强度测定；

（7）安装前需提供满足架体使用的三相五线制不小于7kVA的配电箱；

（8）产品堆放位置应远离混凝土泵车等易污染区域，注意对产品的保护，防护网是易损构件，须特别注意保护。场地长度大约30m，宽度大约20m。

二、技术准备

1. 熟悉审查图纸：在施工前，项目组织项目有关人员及劳务队负责人对施工图纸进行详细审查。

2. 对附着式升降脚手架系统操作人员、安全管理人员做好详尽的书面技术交底和安全交底进行必要的岗前培训指导。

三、操作前机具

架体安装机具详见表3-3所示。

<table>
<tr><td colspan="4">架体安装机具</td><td>表3-3</td></tr>
<tr><td>设备名称</td><td>单位</td><td>数量</td><td colspan="2">备　　注</td></tr>
<tr><td>塔式起重机或汽车吊</td><td>台</td><td>1</td><td colspan="2">负责吊装或拆除架体单元</td></tr>
<tr><td>架子扳手</td><td>把</td><td>10</td><td colspan="2">架子工搭设和拆除架用</td></tr>
<tr><td>力矩扳手</td><td>把</td><td>10</td><td colspan="2">检查架子扣件拧紧力度是否达到要求</td></tr>
<tr><td>倒链</td><td>把</td><td>10</td><td colspan="2">调整架子水平弯曲度</td></tr>
<tr><td>对讲机</td><td>部</td><td>若干</td><td colspan="2">负责指挥信号传递</td></tr>
</table>

四、操作人员

作业人员必须经过岗前知识能力培训合格，具备安全类从业准入资格后持证上岗，按要求作业，严禁患有恐高症、精神病、癫痫病、高血压、心脏病、高度近视等病的人员高处作业。禁止酒后上架作业。

人员安排：

（1）架体由专业人员进行施工，所有施工人员必须经用人单位安全培训与综合培训，经施工方审核用工资格、能力条件并进行作业授权，具有有效期内专业人员作业证。

（2）架体施工较为危险，需要足够的专业人员才能保证此项工作的实施，详见表3-4（劳动力计划表）。在附着式升降脚手架施工期间项目部派安全员专人负责监督施工队施工，并配备相应的信号工等。

（3）施工期间，项目部技术人员派专人负责监督施工队是否按交底进行施工，发现问题及时处理。

劳动力计划表 表 3-4

序号	工种	人数	职　责
1	队长	1	负责协调、调度、安排附着式升降脚手架的施工
2	技术负责人	1	负责附着式升降脚手架现场技术指导
3	工长	1	负责现场施工人员的调动
4	安全员	1	负责附着式升降脚手架安装的现场安全监督
5	质检	1	负责附着式升降脚手架质量把控
6	测量员	2	负责测量验线和附着式升降脚手架的监测。
7	信号工	1	负责指挥现场塔式起重机，保证塔式起重机安全运行
8	专业安装工	10	严格按照技术交底内容进行搭设施工
9	杂工	2	负责现场垃圾及其他零活施工

第三节　附着式升降脚手架拆装与使用

一、施工方案

在施工前，相关人员根据主体设计制定详细的架体施工方案，其中包括架体的尺寸、机位布置、相关构件的数量、主要零部件的计算校核以及现场正常使用和应急情况等相关要求，形成书面文字上报项目部存档，通过监理和总工以及建设单位批准后方可实施，必要时需组织相关专家进行方案论证，以保证施工的安全。施工方案的安全要点及施工工法等应逐级培训传达到作业人员。

二、架体组装

人员、材料进场；技术交底；组装底部两步架；安装预埋管、附墙支座、组装主框架及其他连接杆；架体搭设。架体校正、脚手板、挡脚板铺设，搭设剪刀撑、挂设安全网；安装及调试电气设备；制作并安装架体爬梯、完善防护设施、检查验收。

以某企业全钢架为例，架体在主体施工时同步组装，组装时应根据结构外形组装，并对组装的脚手架单元一一编号。

1. 架体组装前应作好以下准备工作：

（1）所有操作人员必须经过岗前知识能力培训合格，具备安全类从业准入资格后方可持证上岗，专业架子工应由相关建设主管部门核发的架子工从业资格证。

（2）在组装前施工方应对所有操作人员作全面的技术交底和安全操作规程交底，必要时组织操作人员进行有关架体操作的书面考试，考试合格人员才允许上岗和授权操作。作业人员前期基础培训不能替代用人方的岗前培训与现场指导。

（3）架体安装前，应对架体构配件及架料等进行全面的检查和验收。检查验收并有质量合格证后，方可使用。

（4）架体安装前，应在安装架体下方搭设操作平台，平台外侧到墙面距离大于2000mm，平台上平面必须找平。

2. 架体单元组装

（1）架体的组装按集成式升降操作平台平面布置方案的布置图进行，组装具体要求为：从架体转角处端部开始，先在地面将架体单元打开，并将脚手板与立杆用螺栓组件可靠连接好并拧紧，在架体单元内绑实的斜撑杆用螺栓组件将立杆和脚手板可靠连接并拧紧好，将加强横杆靠外立杆处的二个螺栓全数安装并拧紧，使架体单元构成可靠的空间承力桁架。

（2）在地面将已打开的架体单元按分段吊装要求将待吊装段的 2 到 3 个架体单元用螺栓组件连接好。

（3）在地面将导轨安装到架体内侧待安装处，装上导轨支架和上部卡座，然后在导轨下部待安装侧安装下吊点桁架，并将底层脚手板下吊点桁架相接处用手电钻钻 2 个直径 13mm 的孔，用螺栓组件对将下吊点桁架与底层脚手板固定好，再在导轨上部安装倒链挂座，将正挂自动倒链电动葫芦上下吊点连接牢固，拧动调节花篮螺栓将链条适当张紧，将附墙附着支座穿到导轨上并用扣件固定在导轨大约安装固定附着支座的合适位置，最后在架体顶部脚手板下方约 200mm 处安装起吊吊钩。

3. 架体单元的吊装

（1）将塔式起重机小吊钩或吊车吊钩钩挂在安装架体单元立杆上部孔内的四处 U 形螺栓吊环内，并保证起吊后架体单元基本垂直。

（2）校正架体单元的两个方向的垂直度，同时应保证架体单元内立杆内侧面距楼板外侧面或墙面的距离一致，并保证架体单元与楼板

图 3-1　架体地面组装实体图

图 3-2　架体实体吊装图

外侧面法向垂直。吊装到位校正好后立即安装下部二个附墙固定附着支座，且在每个附墙固定附着支座上平面处导轨上安装好二个定位承载扣件。

（3）检查附墙固定附着支座已与建筑结构可靠连接，定位承载扣件已全部装好后，脱开塔式起重机吊钩，并将上部起吊吊钩拆除，准备下一次的吊装。

（4）重复上述步骤，逐次进行其他架体单元吊装段的吊装。当新的吊装段而到待安装处时，应首先用导轴将待安装架段与已安装架体侧立杆的孔对正好，并立即用螺栓组件将其连接好，一段每层脚手板间里外各连接二处，再安装下一单元。

（5）当吊装到平面布置图中连接板处时，用螺栓组件将连接板和外侧防护钢丝网与架体单元牢固连接好后才吊装另一侧的架体架体单元。

图 3-3　架体与结构固定安装实体图

图 3-4　架体外观实体图

（6）当架体单元吊装就位后，应将架体单元的大小翻板均全部打开，实施底部密封和内侧防护。如图 3-3 和图 3-4 所示。

（7）当吊装到端部或转角阳角处时，架体单元对外的端部应在将相邻单元在空中连接牢固后，在将端部封网用螺栓组件装在架体端部。

4. 安装配电线路

由于电动葫芦安装在架体底部，故配电线路按实际要求可铺设在第二层脚手板下部，配电线路的安装必须由专业电工按设计安装（如图 3-5，图 3-6 所示），具体标准按现行有关标准。

图 3-5　架体智能控制主电箱实体图

图 3-6　架体智能控制分电箱实体图

三、升降架体

1. 提升架体操作要点

（1）提升前准备：

附着式升降脚手架在提升前应对架体整体做全面细致的检查、具体检查内容为：

1）检查所有节点处的连接螺栓是否有松动或构件开裂现象；

2）架体连接螺栓做全面紧固并涂油保养；

3）所有位置施工垃圾必须做全面彻底的清理；

4）导轨上、附墙支座上板结的混凝土必须做全面清理；

5）电动葫芦全部做清灰涂油处理，同时检查运转是否正常；

6）检查电缆连接、分控连接，总线接线是否正确；

7）检查维修总、分控制箱各开关保护元件是否工作正常；

8）检查所有翻板是否连接可靠，转动正常；

9）操作层、密封层是否按要求制作到位；

（2）检查以上条款完毕确保无安全隐患存在后，按以下操作要求进行架体提升：

1）拆除架体覆盖第一层的附墙支座和钢梁，安装到第四层的相应支座、钢梁安装位置；

2）安装上挂块，悬挂电动葫芦，同时检查总控分控操作指令是否一致，同时检查控制系统是否正常；

3）预紧电动葫芦，注意，预紧不能几个同时进行，必须单机单个依次预紧；应指定一名操作人员专人逐个操作，以保证电动葫芦链条受力均匀，预警过程必须保证电动葫芦不得有扭链、咬链和翻链现象；

4）将提升片架体翻板全部翻至架体一侧，并连接牢固，保证不自动翻回；

5）检查并拆除清理所有架体与建筑物连接的临时拉结及影响提升的构件材料，以确保提升过程顺利进行；

6）将架体试提升 2～3cm 后停止；

7）松动附墙支座上所有承重顶撑，确保全部卡头转至建筑物方向，绝对不允许直接提升，以防止竖向导轨对接处承重顶撑卡头卡住；

8）检查所有支座、钢梁、防坠器、电动葫芦、翻板及障碍物清理情况，完成后组织检查和提升观察分工，准备提升。

（3）架体提升流程：

1）根据作业指令书由现场安全员组织专业人员进行安全检查；

2）各类人员各就各位，确认无误后，由现场总指挥下达提升命令。各专业人员按各自的职责范围巡视、观察。要求注意力集中，认真负责，发现异常立即停止提升，确定故障排除后，方可再次提升；

3）调整架体水平度，使各个机位架体底部与楼层高度差基本一致；

4）将所有顶撑全部按要求可靠的支顶在导轨横撑上；

5）所有翻板全部翻回与墙体靠实；

6）松开葫芦链条，断开提升分片的总电源，并组织作业后专项检查；

7）填妥检查表。

（4）提升过程要求：

1）提升前特别要注意架子的清理工作，提升过程中，巡视人员一定要加强责任心，杜绝强行提升；

2）架体提升作业时间应在施工时间计划表中单独列出，提升过程中，架体下方停止一切作业，并设置警戒区，由专人负责警戒；

3）提升过程中，架体不应滞留任何材料与杂物，所有人员全部撤离架子；

4）按提升指令书进行提升作业；

5）强化架体使用前的验收工作，由专人验收后方投入使用。

2. 下降架体操作要点

（1）下降前准备：

组合式附着式升降脚手架下降前应对架体整体做全面细致的检查、具体检查内容为：

1）检查所有节点处的连接扣件是否有松动或开裂现象，必须加固和更换不一合格扣件；

2）架体连接螺栓做全面紧固并涂油保养；

3）所有位置施工垃圾必须做全面彻底的清理；

4）导轨上、附墙支座上板结混凝土必须做全面清理，导轨、附墙支座导轮、导向架连接螺栓做全面的涂油处理；

5）电动葫芦全部做清灰涂油保养，同时检查运转是否正常；

6）所有电缆检查是否有破损或老化现象，下降前做好全面的更换或维护工作；

7）检查维修总、分控制箱各开关保护元器件是否工作正常；

8）检查所有翻板是否连接可靠，转动自如；

9）检查整改到位后按以下要求进行操作；

10）在架体下降区域内离建筑物10m位置设置警戒线，并设专人看管；

11）将轨道夹安装至竖向导轨最顶端的导轨上，必须保证连接可靠；

12）将所有防坠器的复位卡簧安装到位，并检查验收，确保每个防坠器安装位置准确，复位卡簧可靠受力；

13）拆除最顶端的附墙支座，将附墙支座安装在架体覆盖第一层的建筑物墙体上，确保连接可靠（所有支座和钢梁必须按要求安装，确保两条螺栓和每个螺帽一段露出最少3扣，钢梁安装平整，不得有抬头、低头、扭转现象）；

14）安装上挂块至最下端的附墙支座上；

15）悬挂电动葫芦，预紧链条，检查所有分控箱正反控制是否一致；

16）拆除与下降架体连接的所有临时拉结杆件；

17）松开下降架体上的所有承重顶撑，并旋转至建筑物位置；

18）对所有位置进行全面检查，确保各操作准确无误，检查到位后准备下降操作。

（2）下降操作流程：

1）根据作业指令书由现场安全员组织专业人员进行安全检查；

2）各类人员各就各位，确认无误后，由现场总指挥下达下降命令。各专业人员按各自的职责范围巡视、观察。要求注意力集中，认真负责，发现异常立即停止下降，确定故障排除后，方可再次下降；

3）调整架体水平度，使各个机位架体底部与楼层高度差基本一致；

4）将最顶部的支座和钢梁拆除并安装到架体最下层的安装部位上；

5）将架体与墙体可靠拉结、卸荷、翻回翻板、作好防护；

6）松开葫芦链条，并组织作业后专项检查，填妥检查表。

（3）下降过程中的要求：

1）下降前特别要注意架体的清理工作，翻板在不影响下降的情况下可不予翻起，而随架体下滑，下降过程中，巡视人员一定要加强责任心，杜绝损坏已装修表面和已安装的门窗的现象发生；

2）架体下降作业时间应在施工时间计划表中单独列出，下降过程中架体下方停止一切作业，并设置警戒区，由专人负责警戒；

3）下降过程中，架体不应滞留任何材料与杂物，无关人员全部撤离架体；

4）按下降指令书进行下降作业。

四、架体使用

1. 架体的使用荷载，单步架使用及两步架同时使用时应小于 $3kN/m^2$，允许三步架同时使用，但每步架荷载须小于 $2kN/m^2$，严禁超载使用，荷载应尽量分布均匀，避免过于集中。

2. 架体顶部若晃动值大于 10mm，在使用前必须与建筑结构进行临时连接或采取加装斜撑等可靠措施进行加固处理。

3. 主体工程施工时，大模板安放和吊离时应缓慢平稳，避免冲撞到架体，严禁模板支顶架体，严禁直接在架体上集中吊放和吊离材料。

4. 遇五级（含五级）以上大风和大雨、大雪、浓雾和雷雨等恶劣天气时，禁止进行提升、下降和拆卸作业，同时应预先对架体采取加固措施。

5. 架体在使用过程中严禁进行下列作业：

（1）利用架体吊运物料；

（2）架体上拉结吊装缆绳（索）；

（3）在架体上推车；

（4）任意拆除结构件或松动连接件；

（5）拆除或移动架体上的安全防护设施；

（6）起吊物料碰撞或扯动架体；

（7）利用架体支撑模板；

（8）使用中的物料平台与架体仍连接在一起；

（9）其他影响架体安全的作业。

6. 架体在使用过程中，应按要求每月进行一次全面安全检查，不合格部位应立即整改。

7. 当架体停用超过一个月或遇六级以上大风后复工时，必须按相关规定的要求进行检查。

五、拆除架体

1. 拆除顺序

架子下降到位后，应按照先搭的杆件后拆，后搭的杆件先拆的原则进行拆除，逐层由上而下进行拆除。拆除顺序为：拆除电气设备；自悬臂结构开始从上向下逐层拆除作业面的密目网；逐层拆除脚手板；拆除剪刀撑；拆除小横杆；拆除大横杆；拆除立杆；最后拆除导轨和水平支承桁架。

2. 架体拆除

（1）拆除前检查架子上的材料、杂物是否清理干净，否则禁止拆除。所拆材料严禁从高空抛掷；

（2）拆除脚手架时要划出安全区，设置警示禁止标志，设置专人进行看护，非操作人员不得入内；

（3）导轨和水平桁架的拆除；

（4）当架体拆除至底层水平桁架及导轨处时，须进行吊装拆除；

（5）根据架体的跨度和平面布置情况，从分组端头开始将架体按机位确定分段位置，一个机位为一段，每段以导轨为中心，然后根据分段情况进行加固处理；

（6）根据分段情况，将水平支撑框架连接螺栓拧出，使每一机位架子成为一个独立的整体；

（7）用塔式起重机垂直吊住导轨竖向导轨，并将架体微微上提，使附着支座不再受力，在各项工作完成并由现场主管人员确认无误后，用塔式起重机将该段升降架吊至地面平放；

（8）起吊前检查钢丝绳并确认完好，架体与结构及其他架子无连接后方可起吊；

（9）各构配件拆下后必须及时分组集中在楼内，然后运至地面；

（10）拆除作业中，施工队安全员必须现场指挥拆除，项目部安全员在现场协调指挥；

（11）每天拆除作业后，必须将未拆除完毕的架子与结构进行可靠拉结；

（12）当拆除楼层出入口上方的架子时，出入口应暂时封闭。

六、特殊位置处理措施

架体在确定方案时要注意一些特殊位置的处理，比如塔式起重机附臂、料台等，一般传统架（钢管扣件搭设）可根据现场情况调节，但对于全钢架，如果方案设计不够完善，现场处理起来比较麻烦，所以对于特殊位置在方案中要做特殊处理。

1. 塔式起重机附臂位置架体处理措施

塔式起重机附臂位置架体采用可旋转结构脚手板形式（共设置4层可旋转脚手板）：升降式开启旋转脚手板，方便塔式起重机附臂通过；升降完成后旋转到原位翻起脚手板做好密封防护。如图3-7和图3-8所示；

2. 楼梯设置

为方便人员上下通行，架体内部专门设置楼梯单元。如图3-9所示。

3. 卸料平台

料台应独立搭设，使用过程中与架体分离，并与建筑主体可靠稳固连接。料台穿过架体，将架体下节断开，形成门洞，如图3-10所示。

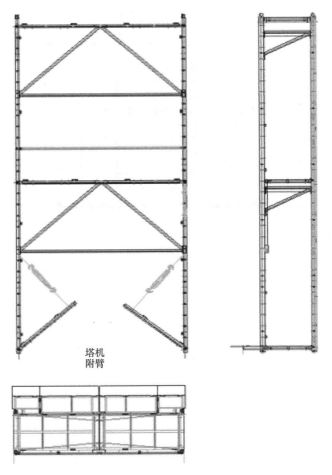

图 3-7 塔式起重机附臂架体防护

图 3-8 塔式起重机附臂位置可旋转脚手板形式

图 3-9 楼梯设置

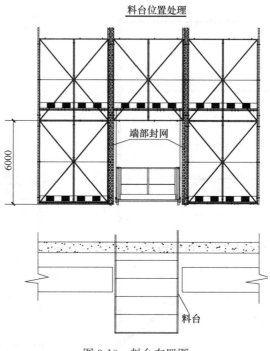

图 3-10　料台布置图

第四章 架体维护保养与安全防范

第一节 架体的维护保养

一、日检

日检项目主要有：

1. 检查平台上是否有杂物及混凝土堆积；

2. 检查各线路及各部位防护是否到位，是否有断线或破损；

3. 检查各机构安装是否规范，连接件是否达到紧固标准；

4. 检查安全网及对接处防护是否到位；

5. 检查临时拉结等安全措施是否安装到位；

6. 提升或下降后检查各个结构是否安装规范，有安全问题及时处理；

7. 检查操作层模板是否与架体干涉；

8. 检查各机位防坠落装置状态是否正常；

9. 检查料台及塔式起重机附墙是否与架体有干涉。

二、月检

月检一般有如下内容：

1. 检查架体各机构状态是否有变形、开焊或断裂等，如有则及时更换或维修；

2. 检查控制系统是否能够正常工作，可以以抽查试验的方式进行；

3. 检查钢丝绳等易损件的状态，如有问题及时处理；

4. 检查架体活动部位的润滑及磨损情况。

三、升降前后检查

1. 升降前检查

（1）附着支撑结构附着处主体实际强度；

（2）所有螺纹连接处螺母都拧紧；

（3）应撤去的施工活荷载已撤离完毕；

（4）所有障碍物已拆除，所有不必要的约束已解除；

（5）升降系统能正常运行；

（6）所有操作人员及指挥员已到位，无关人员已全部撤离；

（7）所有预留孔洞符合要求：即中心位置偏差应小于 15mm，预留孔应垂直于工程结构外表面；

（8）所有防坠装置功能正常；

（9）所有安全措施已落实；

（10）其他必要的检查项目。

2. 升降后检查

（1）附着支撑结构已紧固；

（2）所有螺纹连接处螺母都拧紧；

（3）所有安全措施已落实；

（4）所有扣件已紧固；

（5）检查料台等结构不能与架体干涉；

（6）检查临时拉结等必须安装到位；

（7）电动葫芦链条要松开，保证将架体重力卸荷通过附墙支座卸荷到主体；

（8）其他必要的检查。

四、架体维护保养

1. 电动葫芦维护保养

建筑附着式升降脚手架电动葫芦又称 DHP 型电动葫芦，是一种日常必备的群吊型环链电动葫芦，只要用于大型设备的安装施工，油罐建设工程，建筑附着式升降脚手架工程等，是一种小型起重工具，通过群吊电动葫芦专用电控箱同时同步几十台几百台 DHP 电动葫芦，起吊几十吨几百吨的大型设备或者油罐等物体。

建筑附着式升降脚手架电动葫芦保养注意事项：

（1）链轮装在轴上应没有歪斜和摆动。在同一传动组件中两个链轮的端面应位于同一平面内，链轮中心距在 0.5m 以下时，允许偏差 1mm；链轮中心距在 0.5m 以上的时，允许偏差 2mm。但不允许有摩擦链轮齿侧面现象，如果两轮偏移过大容易产生脱链和加速磨损。在更换链轮时必须注意检查和调整偏移量。

（2）附着式升降脚手架电动葫芦起重链条的松紧度应适宜，太紧增加功率消耗，轴承易磨损；太松链条易跳动和脱链。链条的松紧程度为：从链条的中部提起或压下，两链轮中心距的约为 2%～3%。

（3）新的起重链条过长或经使用后伸长，难以调整，可视情况拆去链节，但必须为偶数。链节应从链条背面穿过，锁片插在外面，锁紧片的开口应朝转动的相反方向。

（4）链轮磨损严重后，应同时更换新链轮和新链条，以保证良好的啮合。不能只单独更换新链条或新链轮。否则会造成啮合不好加速新链条或新链轮的磨损。链轮齿面磨损到一定程度后应及时翻面使用（指可调面使用的链轮），以延长使用时间。

（5）起重链条在工作中要记得及时加注润滑油。而润滑油则必须进入滚子和内套的配合间隙，以便改善工作条件。

2. 防坠落装置维护保养

防坠落装置作为架体主要的安全装置，在正常工作中不起作用，一旦架体出现坠落，就必须要第一时间起作用，所以其日常维护保养尤为重要，也是现场人员容易忽视的部分，在日常施工中要时时监控，及时润滑相关部位。

防坠落装置维护保养注意事项：

（1）日常检查时要注意防坠落装置运转正常，在架体提升或下降时不会出现卡链现场，若有及时处理；

（2）当防坠落装置金属结构出现变形或开焊，及时处理，最好是更换新的装置，避免补焊；

（3）当架体出现卡阻现象后，认真检查防坠落装置，一旦出现问题，必须更换新的，不允许带病使用；

（4）日常施工中应在防坠落装置处加设防尘装置，避免因污染而失效；

（5）禁止在未安装防坠装置或防坠落装置失效情况下升降架体。

3. 荷载控制系统维护保养

（1）荷载控制系统线路需设置专门防护，如PVC管等；

（2）荷载传感器表面不得有腐蚀性液体，线路接头处应设置保护措施，以防被下落物体砸断；

（3）电气控制柜包括主控和分控应设置必要的防护，及时清理上面的杂物，避免雨水及混凝土进入；

（4）升降架体完毕后，及时卸荷，并松开电动葫芦，防止架体冲击载荷损伤传感器；

（5）及时监控供电电压，保证传感器的正常供电。

4. 架体维护保养

（1）架体不得超载使用，不得使用体积较小而重量过重的集中荷载，如设置装有混凝土养护用水的水槽；集中堆放大模板等。

（2）架体仅作为施工人员的外防护架，不得作为外墙模板支模架（承重架）。

（3）架体禁止下列违章作业：任意拆除架体部件和穿墙螺栓；起吊构件时碰撞或扯动脚手架架体；在脚手架上拉结吊装缆绳，在脚手架上安装卸料平台；在脚手架上推车；利用脚手架吊重物。

（4）穿墙螺栓应牢固拧紧（扭矩为45～60N·m）。

（5）作业过程中的检查保养。

1）施工期间，每次浇注完混凝土后，必须将导轨表面的杂物及时清除，以便导轨自由上下。

2）工程竣工后，应将架体所有零部件表面杂物清除干净，重新刷漆。将已损坏的零件重新修复或者更换，以待新工程继续使用。

3）施工期间，定期对架体及连接螺栓进行检查，如发现连接螺栓脱扣或架体变形现象，应及时处理。

4）每次提升，使用前都必须对穿墙螺栓进行严格检查，如发现裂纹或螺纹损坏现象，必须予以更换。

5）穿墙螺栓正常使用一个单位工程后应进行更换。

6）架体上的杂物要及时清理。

7）当该脚手架预计停用超过一个月时，停用前采取加固措施，附着支座以上悬臂部分做硬性拉结，同时每个附着支座处承重定位必须紧固。

8）当附着升降脚手架停用超过一个月或遇五级以上大风后复工时，必须按要求进行检查。

9）螺栓连接件、升降动力设备、防倾装置、防坠装置、电控设备等应至少每月维护保养一次。

10）遇五级以上（包括五级）大风、大雨、大雪、浓雾等恶劣天气时禁止进行升降和拆卸作业。并事先对架体采取必要的加固措施或其他应急措施。如将架体上部悬挑部位用钢管和扣件与建筑物拉结，以及撤离架体上的所有施工活荷载等。夜间禁止进行架体的升降作业。

第二节　架体使用注意事项

一、架体安全监管

1. 现场监管

（1）架体施工过程中，应建立有效的实施和监督机构，必须设立架体专业施工管理员，并组织专门的作业小组，小组成员应基本固定，做到定员、定岗、定责任。

（2）施工方安委会、工程部、技术部等有关部门应经常对现场的全体职工进行架体的正确使用和安全注意事项的再教育、考核后，结合作业部位分别授权。

（3）架体在实施过程中，使用单位和操作班组应结合现场实际情况，制定必要的其他措施。

（4）在实施过程中，注意积累、收集资料，总结经验，并将需要修改补充的意见及时反馈到公司技术部，以便作进一步修改、完善。

（5）架体发生异常情况后，现场管理人员及操作班组应当采取有效措施防止事故发生，并立即向公司工程部和有关部门报告。

2. 备案登记

附着式升降脚手架租赁单位在某一地区进行租赁使用，需向当地有关部门申请备案登记，办理好相关备案手续后方可使用。

在房屋建筑和基础设施工程施工现场，对已安装的附着式升降脚手架委托第三方检测合格，组织完成验收的施工单位可向当地主管部分申请办理使用登记，待使用登记办理完毕后方可进行使用。

本节以北京市办理使用登记所需资料，举例说明如下表：

北京市附着式升降脚手架备案资料 表 4-1

序号	资　　料	备　　注
1	《北京市附着式升降脚手架使用登记备案表》	表格须加盖施工总承包单位和监理单位公章
2	住房和城乡建设部出具的科学技术成果鉴定（评估）证书	科学技术成果鉴定（评估）证书应为住房和城乡建设相关部门出具的对产品的鉴定、评估、验收证明。资料须加盖施工总承包单位公章
3	附着式升降脚手架产品合格证	附着式升降脚手架产品合格证应以每个单体工程为单位出具，作为每个单体工程上所使用的所有附着式升降脚手架产品合格的证明；资料须加盖施工总承包单位公章

续表

序号	资 料	备 注
4	附着式升降脚手架专业承包单位法人营业执照	资料须加盖施工总承包单位公章
5	附着式升降脚手架专业承包资质证书	资料须加盖施工总承包单位公章
6	附着式升降脚手架专业承包单位安全生产许可证	资料须加盖施工总承包单位公章
7	建筑施工特种作业操作资格证书	建筑施工特种作业操作资格证书必须为建筑架子工（附着式升降脚手架类）。资料须加盖施工总承包单位公章
8	单体工程附着式升降脚手架检验检测报告	安装验收合格日期以检测报告检测合格日期为准；使用登记应在安装验收合格之日起30日内办理；检验检测报告应附附着式升降脚手架机位布置图；资料须加盖施工总承包单位公章
9	单体工程附着式升降脚手架安装验收资料	资料须加盖施工总承包单位公章
10	北京市建筑业企业档案管理手册（外地进京企业需提供）	资料须加盖施工总承包单位公章

二、安全施工保障

在实施架子安装、升降、拆除时，应严格执行安全技术操作规程和执行国家有关安全施工法规，本着"安全第一、预防为主"的方针，作好安全工作，重点注意以下事项：

（1）架子安装或拆除时，操作人员必须系好安全带，指挥与吊车人员应和架子工密切配合，以防意外发生。

（2）架子升降时，架子上不得有除架子工以外的其他人员，且应清除架上的杂物如模板、钢筋等。

（3）架子操作人员必须经过专门培训合格，获得从业资格方可上岗。

（4）严禁酒后上架操作。

（5）架子升降时倒链的吊挂点应牢靠、稳固，每次升降前应取得升降许可证后方可升降。

（6）为防架子升降过程中意外发生，架子升降前应检查摆针式防坠器的摆针是否灵活，摆针弹簧是否正常。

（7）应对现场施工人员进行升降架的正确使用和维护的安全教育，严禁任意拆除和损坏架体结构或防护设施，严禁超载使用，严禁直接在架子上将重物吊放或吊离。

（8）架子与建筑物之间的护栏和支撑物，不得任意拆除，以防意外发生。

（9）架子升降过程中，架子上的物品均应清除，架体上严禁站人。不允许夜间进行架子升降操作。

（10）施工过程中，应经常对架体、配件等承重构件进行检查，如出现锈蚀严重，焊缝异常等情况，应及时做出处理。

（11）升降完成后应立即对该组架进行检查验收，经检查验收取得准用证后方可使用。

（12）架上高处作业人员必须佩戴安全带和工具包，以防坠人坠物。

（13）施工过程应建立严格检查制度，班前班后及风雨之后等均应有专人按制度进行认真检查。

三、季节性施工作业注意事项

1. 季节性施工准备

根据工程施工特点制定雨季、夏季施工措施，为高温天气施工做好现场场地及临时设施的施工准备工作，认真落实技术组织措施。

2. 夏季施工保障措施

进入夏季施工，是大风、雷雨天气频发期。为确保附着式升降架安装和使用及作业人员的安全，以下几方面事项需高度重视：

（1）根据气候的变化适当调整作业时间，（雷雨、风力五级以上大风等恶劣天气严禁进行升、降作业）。落实防雨、防雷、防风等安全保障措施。

（2）加强安全检查，确保附着装置、升（降）系统、电控系统齐全有效。使用中架体组间、架体与结构间的拉结及各项防护措施必须齐全可靠。

（3）天气炎热，容易引发作业人员情绪烦躁，注意人员情绪变化，做好其思想工作，并做好防暑降温工作。确保作业人员以平稳心态在舒适的环境下作业。

3. 雨季施工保障措施

及时了解长季、短季、即时天气预报，准确掌握气象趋势，防止暴风雨突然袭击，指导施工有利于合理安排每日的工作，雷雨、风力五级以上大风等恶劣天气严禁进行升（降）作业；

做好工人的雨季施工培训工作，组织相关人员进行一次全面检查，检查施工现场的准备工作，包括临时设施、临电、机械设备等。加强安全检查，确保附着装置、升（降）系统、电控系统齐全有效。使用中架体组间、架体与结构间的拉结及各项防护措施必须齐全可靠；

雨季施工时，天气炎热，应调整作息时间，尽可能避开高温时间，提前准备好消暑药品，避免工人中暑，并安排充足的饮用水，加强对施工人员的监护工作，及时制止身体不适者作业；

高处作业时，应先对作业面检查、清理，做好防滑措施，并加强对安全带、安全网的检查，杜绝事故隐患，确保人身安全；

设备预留孔洞做好防雨措施。如已安装完毕的设备，要采取措施防止设备受潮、被雨水浸泡。

施工现场外露设备尤其是电气设备，应用防护外壳，所有机电设备应设有防雨罩，保证雨季安全用电；对敷设的电缆及导线两端用绝缘防水胶布缠绕密封，防止进水影响其绝缘性。

4. 冬季施工保障措施

（1）根据国家规定，当平均气温连续 5 天低于 5℃，即进入冬季施工。

（2）在入冬前要统筹考虑、明确安排；凡属冬季施工所必需的材料储备，入冬前必须完成；入冬前组织相关人员进行一次全面检查，作好施工现场的过冬准备工作，包括临时设施、机械设备及保温等项工作，加强安全检查，确保附着装置、提升动力、电控系统齐全有效。使用中架体组间、架体与结构间的拉结及各项防护措施必须齐全可靠；

（3）冬季施工中要加强天气预报工作，及时接收天气预报，防止寒流突然袭击，遇大雾天，能见度低的情况下，五级以上大风天气，严禁进行提升作业；

（4）冬期施工，要采取防滑措施，下雪后必须需要及时清理积水、冻雪、冰凌等，并检查附着式升降脚手架是否松动下沉，务必及时处理，对作业人员要经常进行安全教育；

（5）在冬期混凝土施工时，必须防止在硬化初期遭受冻害，并尽早获得强度。附着支座位置满足结构墙体混凝土轴心抗压强度标准值大于 10MPa。

四、防雷措施

附着式升降脚手架是高耸的金属构架，又紧靠在钢筋混凝土结构之旁，二者都是极易遭受雷击的对象，因此避雷措施十分重要。（防雷措施由总包方负责完成）

（1）升降架若在相邻建筑物、构筑物防雷保护范围之外，则应安装防雷装置，防雷装置的冲击接电电阻值不得大于 10Ω。

（2）避雷针是简单易做的避雷装置之一，它可用直径 25～48mm，壁厚不小于 3mm 的钢管或直径不小于 12mm 的圆钢制作，顶部削尖（如图 4-1 所示），设在房屋四角升降架的立杆顶部上，高度不小于 1m，并将所有最上层的大横杆全部接通，形成避雷网络。

（3）在建筑电气设计中，随着建筑物主体的施工，各种防雷接地线和引下线都在同步施工，建筑物的竖向钢筋就是防雷接地的引下线，所以当升降架一次上升工作完成时，在每组架上只要找一至两处，用直径大于 16mm 的圆钢把架体与建筑物主体结构的竖直钢筋焊接起来（焊缝长度应大于接地线直径的 6 倍）。使架体良好接地，就能达到防雷的目的。

图 4-1　避雷针示意

（4）当升降架处于下降状态时，架体已处在楼顶避雷针的伞形防雷区内，故无须在升降架上再另设防雷装置。

（5）在每次升架前，必须将升降架架体和建筑物主体的连接钢筋断开，置于一边，然后再进行提升。提升到位后，再用连接圆钢筋把架体和主体结构竖向钢筋焊接起来。所有连接均应焊接，焊缝长度应大于接地线直径的 6 倍。

五、安全用电措施

1. 环境

升降架是由钢管等金属构件搭设而成，它们都是良导电体，所以，在高、低压线路下方均不得搭设升降架。升降架的外侧边缘与外电架空线路的边线之间必须保持安全操作距离。最小安全操作距离应不小于表 4-2 所列数值。

最小安全距离					表 4-2
外电线路电压（kV）	1 以下	1～10	35～110	154～220	330～500
最小安全操作距离（m）	4	6	8	10	15

注：斜道严禁搭设在有外电线路的一侧。

当条件限制达不到规定的最小距离时，必须采取防护措施，如增设屏障或防护架等，并悬挂醒目的警告标志牌。

2. 临时供电施工图

（1）配电系统图（如图 4-2 所示）。

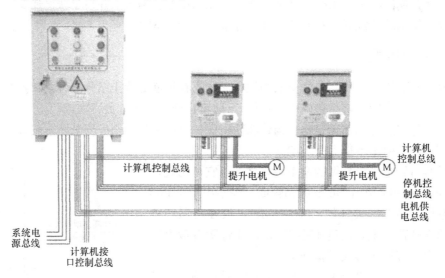

图 4-2　配电系统图

（2）施工现场临时用电安装图（如图 4-3 所示）。

3. 安全用电技术措施

安全电压：工程各电箱信号控制系统采用 24V 安全电压。

设备接地：本系统采用 N-S 供电系统，本系统使用中无须 220V 电压等级，故 N 线可不接，PE 线采用黄/绿双色线。

（1）电源进线的 PE 线在现场配电箱处与接地装置连接做重复接地。每台一、二级配电箱处均做接地装置，接地电阻值不大于 10Ω；PE 排与接地装置可靠连接；

（2）E 线必须经各级配电箱（柜）的 PE 排端子配出，严禁在 PE 线上加设开关、熔断器等，使 PE 线始终处于导通状态；

（3）所有正常情况下，不带电的设备金属外壳、金属支架等均与 PE 线可靠连接，配电箱（柜）的金属外壳采用软铜线与 PE 线连接，导线截面积不小于 2.5mm²，两端刷锡；

（4）在施工现场 PE 线、N 线必须分开单独设置，不得相连接，严禁混合使用；

（5）在同一供电系统中，严禁一部分电气设备做接零保护，一部分电气设备做接地保护。

4. 预防火灾措施

（1）要严格执行用火证制度，电、气焊工必须持证上岗，焊点周围（特别注意下方）

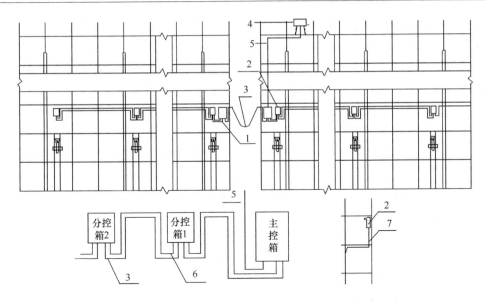

图 4-3 施工现场临时用电安装图

1—主电控箱；2—插座箱；3—主电源线；4—工程施工分电箱；5—主电源进线；6—配电箱电路；7—插座线电路

无易燃、易爆物品。焊接时要有专人看护，并备齐防火设备，电焊机要放在通风良好的地方，周围无易燃物；

（2）升降架属高大设备要做好防雷接地和防静电接地，以免雷电及静电火花引起火灾；

（3）总电控箱、插座箱内严禁存放杂物及易燃物体，并派专人负责，定期清扫；

（4）用电设备严禁带病运行，严禁超载使用；

（5）施工现场应建立防火检查制度，成立电气防火领导小组，建立义务电气防火队伍。

5. 扑灭电气火灾注意事项：

（1）迅速切断相关电源，以免事态扩大；

（2）当电源因其他原因不能切断时，一方面派人去供电端拉闸断电，另一方面灭火时，人体各部位与带电体应保持一定安全距离，必须穿戴绝缘用品；

（3）扑灭电器火灾时，要用绝缘性能好的灭火剂，严禁使用导电灭火剂进行扑救。

6. 急救措施

当发现触电后，首先使触电人迅速脱离电源。与此同时，还应防止触电人在脱离电源后可能造成的二次伤害（如倒地摔伤或从高处落下），然后采取必要的急救措施，如人工呼吸，若心脏也停止跳动，还应进行胸外心脏按压以助其血液循环。若有外伤也应及时予以治疗。但首要的仍是采取人工呼吸、心脏按压等急救措施，并及时请医生，以便救护进行工作。

7. 用电组织管理

用电管理规定：

（1）建立技术交底制度，本组织设计编写未尽之处由现场各专业责任师作详细安全技术交底，安全工程师向专业电工、各类用电负责人介绍临时用电组织设计和安全技术措施的总体意图、技术内容和注意事项，并应在技术交底文字中履行交底和被交底人的签字手续，注明交底日期；

（2）建立安全检测制度，自送电、用电开始，至工程竣工前（或正式电源使用前）止，每月四次对临时用电工程进行检测，主要内容是：接地电阻值、电气设备绝缘电阻值，漏电保护器动作参数等，以监视临时用电工程是否安全可靠，并做好检测记录；

（3）建立电气维修制度，加强日常的定期维修工作，及时发现和清除隐患，并建立维修工作记录，记载维修时间、地点、设备、内容、技术措施、处理结果、维修人员、验收人员等；

（4）建立电气拆除制度，建筑工程竣工后，临时用电拆除应有统一的组织和指挥，并须规定拆除时间、人员、程序、方法、注意事项和防护措施；

（5）建立安全用电责任制，对临时用电各部位的操作责任、维修分片、分块、电箱分人、设备分机落实责任到人头，并辅助必要的奖惩。

安全技术档案具备以下管理资料：

（1）临时用电施工组织设计；

（2）修改临时用电组织设计；

（3）安全技术交底；

（4）检查验收表（电缆线路、配电、设备安装、接零、接地体、电气防护、照明线路）；

（5）电气设备的试、检验凭单和调试记录；

（6）接地电阻检查记录表；

（7）定期检（复）查表及定期检查记录；

（8）电工维修工作记录；

（9）电工值班记录。

8. 用电管理措施

（1）配电系统施工完成后，须经有关部门验收合格后方可使用；

（2）维修电工负责用电设备、配电系统的日常巡视、检查、维护等工作非电工人员，严禁乱用电气设备；

（3）任何单位、任何人不得指派无电工操作证人员进行电气设备的安装、维修工作，更不准强令电工违章作业；

（4）电气设备操作人员使用各种电器设备时，必须认真执行安全操作规程，并服从电工的安全技术指导；

（5）专业电工有权制止一切违章用电行为，有权向安全部门报告。

用电人员应做到：

（1）掌握安全用电基本知识和所用设备的性能。

（2）使用设备前必须按规定穿戴和配备好相应的劳动防护用品，并检查电气装置和保护设施是否完好，严禁设备带"病"运转；

（3）停用的设备必须拉闸断电，锁好开关箱；

（4）负责保护所用设备负荷线、保护地线和开关箱，发现问题及时报告解决；

（5）搬迁或移动用电设备，必须经电工切断电源并作妥善处理后进行。

9. 用电安全管理措施

（1）项目经理部成立安全生产领导小组，并指派专人负责临电的施工、验收及日常管理工作；

（2）工程开工前，必须编制施工用电方案，并向电工进行全面的安全技术交底；

（3）安装、维护暂设电气设备，必须严格执行用电管理规定；

（4）对施工用电设备必须定期进行检查，各种检查记录健全；

（5）电工必须经过培训、考核，经有关部门发给合格证才能上岗作业，非电工严禁拆改电气设备。

10. 安全用电自我防护技术交底

（1）施工现场用电人员应加强自我防护意识，特别是升降架的主要操作人员必须掌握安全用电的基本知识和相应的机械动作原理，以减少触电事故的发生；

（2）开机前认真检查开关箱内的控制开关设备是否齐全、有效，漏电保护器是否可靠，发现问题及时向工长汇报，工长派电工解决处理；

（3）开机前仔细检查电气设备的接地保护线端头有否松动，严禁赤手触摸一切可能带电绝缘导线；

（4）严格执行安全用电规范，凡一切属于电气维修安装的工作，必须由维修电工来操作，严禁非电工进行电工作业。

11. 电工安全技术交底

（1）电气操作员严格执行电工安全操作规程，对电气设备工具要进行定期检查和试验，凡不合格的电气设备、工具要停止使用；

（2）电工人员严禁带电操作，线路上禁止带负荷接线，正确使用电工工具；

（3）电气设备的金属外壳必须做接地保护；

（4）施工现场严禁使用独股的导线作为供电和配电导线，应采用相应的电缆为供电和配电导线；

（5）电工必须持证上岗，操作时必须穿戴好各种绝缘防护用品，不得违章操作；

（6）当发生电气火灾时，应立即切断电源，用干砂灭火，或用干粉灭火器灭火，严禁使用导电的灭火剂灭火；

（7）凡移动式照明必须采用安全电压；

（8）施工现场临时用电施工，必须执行施工组织设计和安全操作规程；

（9）对电气设备进行检查、维修、清理时，必须首先保证其断电，然后将其控制箱开关门上锁。

第三节　应　急　处　理

一、应急预案的方针与原则

应急处理坚持"安全第一、预防为主"的原则，结合对建筑业造成伤害的"五大隐患"即："高空坠落、物体打击、触电死亡、机械伤害、坍塌"进行防护，确保安全施工。

二、应急策划

分包单位认真对本工程危险源进行识别，制订项目发生紧急情况或事故的应急措施，开展应急知识教育和应急演练，提高现场操作人员应急能力，减少突发事件造成的损失和不良影响，其应急准备和响应工作程序如图4-4所示：

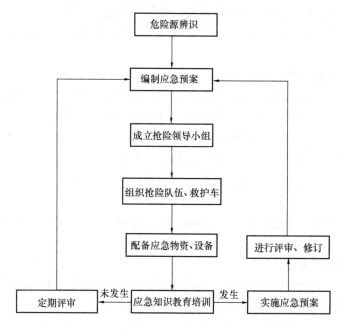

图 4-4　应急准备和响应工作程序图

三、突发事件风险分析

在分析、辨识施工中，危险因素是高层施工中可能产生架体的不稳定性、造成倒塌、高处坠落、高处落物伤人等。工地采取各种防范措施的基础上，还须做好应急方案。

四、应急资源分析

应急设备，物资准备；已配备有药箱药品，救护车辆，配有多部对讲机，配置有灭火器、担架等。

五、应急准备

（1）机构与职责：

一旦发生施工安全事故，有关负责人必须立即赶赴现场，组织指挥抢险，成立现场抢险领导小组。

（2）应急资源：

应急资源的设备是应急救援工作的重要保障，项目部根据潜在事件性质和后果分析，配备应急救援所需的救援手段、救援设备、交通工具，医疗设备药品，生活保障物资等如下表列数。

序号	材料设备名称	单位	数量	现在何处
1	小　车	台	1	现场
2	灭火器	个	20	现场
3	药箱及药品	个/批	1	现场
4	对讲机	部	10	现场
5	手机	部	6	现场
6	担架	副	1	现场

主要应急救援物资设备表　　　　　　　　　　　表 4-3

（3）教育训练

在工程进行施工前一周，由组长组织救援小组人员进行抢险知识教育及应急预案演练，全面提高应急救援能力。

（4）互相协议

项目部事先与该区医院建立正式互相协议，以便在事故发生时得到外部救援力量和资源的援助。

（5）应急响应

出现事故时，在现场的任何人员都必须立即向组长报告，汇报内容包括事故的地点、事故的程度、迅速判断事故可能发展的趋势、伤亡情况等，及时抢救伤员、在现场警戒、观察事故发展的动态并及时将现场的信息向组长报告。

组长接到事故发生后，立即赶赴现场并组织调动救援的人力、物力赶赴现场展开救援工作，并立即向公司救援领导负责人汇报事故情况及需要公司支援的人力、物力。事故的各情况由公司向外向上汇报。

六、安全应急预案

1. 高处坠落危险因素

（1）危险因素易发生时间及部位：

1）找平架、水平支承桁架以上部位分架体搭设过程中。

2）水平支承桁架的组装过程中。

3）主框架的安装过程中。

4）从主框架顶部套附着支座过程中。

5）主框架第二次校正过程中。

6）紧邻阳台、飘窗板及结构层局部变化的特殊部位，作业过程中。

7）特殊情况下架体与结构件空隙大于安全要求的部位。

8）架体升降后架体的端部。

（2）预防措施

1）加强作业人员的安全教育，作业过程中，按要求正确佩戴、使用劳动防护用品，做到"三不违章"。

2）完善临边、洞口等危险部位的防护措施，并经常检查，发现缺损、丢失等隐患及时落实人员进行修补、整改。

3）隐患整改完成必须进行复查，合格后方可使用。

4）设置明显的安全警示标志，升降架按要求设置警示标志。

2. 物体打击

（1）危险因素易发生时间及部位：

1）从架体组装起直至架体拆除完毕全过程中，架体的底部作业人员、在架体上进行作业的人员及架体顶部作业层其他作业人员。

2）材料吊运过程中物体的下面。

（2）预防措施：

1）加强作业人员的安全教育，作业过程中按要求正确佩戴、使用劳动保护用品，做到"三不违章"。

2）完善各危险部位的防护设施并经常检查其完整性和有效性。

3）对检查中发现存在的安全隐患及时落实人员进行整改。

4）严格控制架体上的物料重量必须在安全荷载允许范围内，且不得集中堆放，松散材料必须装在容器内。架体上不得堆放钢管、扣件、木枋及其他小型工具。

5）架体上的工具、用具及混凝土块和建筑垃圾等必须及时清理干净。

6）架体升降过程中架体底部必须划出警戒区，拉上警戒绳、悬挂警示标语。

3. 机械伤害

（1）危险因素部位

1）材料进出场装卸车。

2）架体升降行运中，运动物体与运动物体间接触部位、运动物体与静止物体间接触部位（如：主框架与附着支座等）。

（2）预防措施

1）必须具有作业资质的作业人员进行施工作业。

2）作业前进行安全技术交底，经常性开展作业人员的安全教育，作业过程中按要求正确佩戴、使用劳动保护用品。

3）夜间装卸车是必须要有足够的照明，听从指挥人员指挥。

4）机械保养、维修时严禁用手代替用具操作。

5）机械设备运行中严禁进行维护保养和维修。

4. 触电

（1）危险部位

1）非安全电压电源线缆布置区域。

2）各用电设备处。

3）电器开关控制箱处。

（2）预防措施

1）电气安装、维修必须由持有相应专业《特种作业人员操作证》的人员进行。

2）经常检查电缆、动力设备绝缘性能，并及时修复破损部位，确保其绝缘性能。

3）做好各电气设备的防砸、防水、防雷措施。

5. 坍塌

（1）危险因素部位

脚手架架体中及下面所有区域。

（2）预防措施

1）经常检查维护设备、设施的可靠性。

2）架体运行中要仔细观察升降系统构件是否出现异常及各附着受力点处结构是否出现裂纹等损坏情况。

七、危险源辨识与控制措施

现场主要危险源见表4-4。

现场主要危险源 表 4-4

序号	危险源	可能导致的事故	控制措施
1	架体组装、拆除过程	人员坠落、高处坠物引发人员伤亡事故	1. 严格控制作业人员的作业资格，施工资质，严禁无证等违章作业。 2. 作业前进行安全技术交底；严格按升降架安全技术操作规程要求操作。 3. 做好安全防护日常检查与维护。 4. 加强安全检查，及时发现纠正、制止违章行为
2	提升、下降过程	电动葫芦断链引发架体坠落、结构破坏引发设备损坏及人员伤亡	1. 严格要求作业人员按操作规程作业。 2. 作业前、作业中认真做好检查工作，确保满足安全要求可。 3. 做到安全、文明施工，出现问题及时解决
3	使用过程	架体超载、被刮碰、大风、物体打击，引发架体破坏、架体配件破坏、架体变形、人员伤亡事故	1. 做好使用班组的安全交底工作，严格控制架体上的物料。 2. 及时检查防护设施的完好性欲有效性。 3. 架体使用中及时关注天气情况，做好架体与结构件的拉结。 4. 加强塔式起重机吊运物料的安全控制
4	升降用电	触电、火灾引发设备破坏、人员伤亡事故	1. 安装、维修必须持有效证件的人员进行；做好用电人员的安全用电交底。 2. 提高安全操作意识按《施工现场临时用电安全技术规范》JGJ 46—2005安装、验收、使用。 3. 及时检查漏电保护设备的灵敏可靠性，及更换。 4. 配备足够的有效消防器材
5	电动葫芦使用	机械损坏、人员伤亡	1. 电动葫芦看护人员必须经培训，并懂得葫芦的性能及熟悉正确的使用方法。 2. 电动葫芦运转中必须有专人看护，且在视线有效范围内。 3. 电动葫芦等必须按要求定期进行维护保养，严禁带病运转。 4. 电动葫芦运转中严禁进行保养及维修，维修过程中严禁用手代替工具

八、安全事故应急处理措施

（1）设备、设施因质量原因而引起的突发安全事故应急措施：

1）升降架升降时电动葫芦链条断链，造成升降架局部下坠。

由于升降架每一主导轨上设置了三个防坠装置，升降架最多能下降 200mm 左右。

该安全事故突发后，用遥控器或关闭紧急停止按钮，关闭电源，使所有电动葫芦立即停机，并将所有分控箱的按钮复位（处于关闭状态）。先安装与之相邻的主导轨定位扣件，再利用备用的电动葫芦跟换断链的葫芦（注：操作时不能同时进行，架体上操作人员不得多于 2 人）。电动葫芦安装就位后，主控箱电源通电并单独提升该点将下坠的架体调平，然后才可以进行升降架的升降作业。

2）架体构配件焊缝开裂、破坏等。

架体使用中，发现构配件焊缝开裂、破坏的，分析对架体安全影响的大小（由专业分包单位现场技术人员确定），能立即修复或更换的应该立即更换，架体在升降时如发现影响到安全的，必须立即将架体停止，并将所有定位扣件安装好后进行，不能更换的应加固并焊接牢固使之符合使用要求。

（2）因人为因素而引起的突发安全事故应急护理措施

1）人员坠落、高处坠物而造成的人员伤亡事故。

发现人员立即向项目负责人报告，现场负责人接到报告后根据事故的情况，立即启动相应级别应急救援预案，组织人员进行抢救，根据受伤人员的伤势情况给予简单的救护处理，将伤员立即送往附近医院或打 120 急救电话，并保护好现场，同时上报公司领导。

2）触电、机械损害而造成的人员伤亡事故。

当事人或发现人立即切断电源、停机，来不及断电时可用绝缘物挑开电线，并立即向项目负责人报告，现场负责人接到报告后根据事故的情况，立即启动相应级别应急救援预案，组织人员进行抢救，根据受伤人员伤势情况给予简单的救护处理，将伤员立即送往医院或打 120、119 急救，并保护好现场，同时上报公司相关领导。

当处于架体升降过程中，除安排人员进行事故救援外，还要安排人员对架体进行恢复等，防止事故的扩大或引发次生灾害。

积极配合事故调查，按照"四不放过原则"对事故进行处理，并认真落实处理决议和各项整改措施，组织职工召开专题安全生产会议，总结经验教训，防止类似事故的发生。

（3）社会环境因素（社会对抗和冲突）而引发的突发安全事故：罢工、刑事案件等。

无论是以非正当理由还是以正当理由罢工的，如果架体正处于升降状态时，不及时提升到位或处理，架体存在须立即消除的较大安全隐患时，立即从就近的其他工地调入升降架操作工人进行工地施工，消除架体的安全隐患。

及时找项目负责人或公司予以解决，以尽快恢复正常生产，将由此带来的不良影响及结果降到最低。

（4）停电事故的应急处理

架体在升降过程中突遇停电事故发生时，首先要问清楚停电的时间、原因，停电的时间长短，如在短时间内能恢复正常供电，所有人员在原地等候，不得允许人员在架体上停留或上下走动，等恢复供电后再继续提升。

当停电时间过长或根本无法确定供电时间时，应立即关闭电箱所有开关，上齐所有定位扣件，将架体恢复到正常状态后，操作人员方可离开。等恢复供电后，再按操作程序进行提升。

九、应急救援措施

（1）人员的安排

组长、副组长接到通知后马上到现场全程指挥救援工作，立即组织、调动救援的人力、物力赶赴现场展开救援工作，并立即向公司救援领导负责人汇报事故情况及需要公司支援的人力、物力，组员立即进行抢救。

（2）人员疏散、救援方法

人员的疏散由组长安排的组员进行具体指挥，指挥人员疏散到安全地方，并做好安全警戒工作。各组员和现场其他人员对现场受伤害、受困的人员、财物进行抢救。人员被架体或其他物件压住时，先对架体进行观察，如需局部加固的，立即组织人员进行加固后，方可进行相应的抢救，防止抢险过程中再次垮塌，造成进一步的伤害。加固或观察后，确认没有进一步的危险，立即组织人力、物力进行抢救。

（3）伤员救护：

休克、昏迷的伤员救援：

让休克者平卧，不用枕头，腿部抬高 30°。若属于心源性休克同时伴有心力衰竭、气急，不能平卧，可采用半卧。注意保暖和安静，尽量不要搬动，如必须要搬动时，动作要轻。采用吸氧和保持呼吸道畅通或实行人工呼吸。受伤出血，用止血带止血、加压包扎止血，立即拨打 120 急救电话或送医院。

由具体的组员带领警卫人员在事故现场设置警戒区域，用三色纺织布或挂有彩条的绳子圈围起来，由警卫人员旁站监护，防止闲人进入。

（4）现场清理

经地方政府有关监督部门批准后，要及时清理事故现场，消除事故隐患后，及时恢复施工生产。对污染物的处理要达到国家和地方政府的规定标准。

（5）现场恢复

充分辨识恢复过程中存在的危险，当安全隐患彻底清楚后，方可恢复正常工作状态。

第五章　常见故障和现场安装主要问题

第一节　常　见　故　障

一、电气线路问题

1. 升时电控柜控制开关跳闸

产生原因：

（1）附着式升降脚手架的总配电容量太小而不能正常启动。

（2）电气设备漏电。

处置方法：

附着式升降脚手架的供电线路应单独敷设，并要有足够的用电容量。查找漏电原因，进行处理。

2. 升降时电动葫芦转速慢，出现只响不转现象

产生原因：

（1）供电电压过低。

（2）大面积一次提升，同时作业的葫芦数量较多，致使供电功率不足。

处理方法：

（1）联系工地及当地电管部门保证供电。

（2）当机位数较多时采取分片提升的方式进行。

二、由于荷载控制系统原因无法正常升降架体

升降时多数电动葫芦出现点动现象。

产生原因：

荷载控制系统超失载控制参数设置不合理。

处理方法：

（1）合理采集升降初始值。

由于架体的摩擦力，在升降时单个机位载重量有明显不同，如果初始值设置成一个，升降过程中很有可能超出或达到报警值的现象。

（2）调整超失载报警值的比例设置。

由于架体摩擦力或其他阻力原因，致使架体在升降时测得的力超出了设计的比例范围，出现此状况应及时调整比例参数。

三、防坠落装置原因无法正常升降架体

升降过程中防坠落装置卡死，架体出现报警或停机。

产生原因：

防坠安全制动器内漏入混凝土等杂物或部件缺失，内部传动机构失灵而阻碍导轨运动。

处置方法：

（1）在结构施工时，因散落的混凝土较多，故要对防坠安全制动器进行保护，特别是制动口要有防止混凝土和建筑垃圾进入的防护，附着式升降脚手架每次升降前要进行检查和清理建筑垃圾。

（2）及时检查防坠落装置状况，做好维护保养。

四、其他影响架体正常升降的故障

1. 升—降时低速环链电动葫芦断链

产生原因：

（1）大多数情况是在提升情况下吊钩的链轮内有混凝土、石子等杂物，当运转时链条在链轮内的节距已改变而拉坏链条。

（2）低速环链电动葫芦运转时有翻链的情况，翻链的链条被拉坏。

处置方法：附着式升降脚手架每次升降前应清理链轮内的建筑垃圾和混凝土，并加油润滑链条，一旦发生断链情况，首先对其他点位进行断电，此时防坠器生效，首先顶紧调节顶撑，然后更换电动葫芦，预紧并单独提升该点位置和其他点位平齐，松开防坠器后继续提升。

2. 升降时架体与支模架相碰

产生原因：

土建施工时支模架向建筑外伸出距离太大并进入附着式升降脚手架内，附着式升降脚手架在提升时硬是把模板支撑系统或脚手架架体拉坏。

处置方法：与土建施工项目部协调，要求木工在支模时支模架向建筑外伸出的距离不要大于20mm。

3. 提升时架体向外倾斜

产生原因：

（1）机位处抗倾覆导向轮没有安装或安装不正确。

（2）附着式升降脚手架机位与建筑物之间的距离较大，倾覆导向轮向外伸出距离太大或太软，抗倾覆效果较差。

处置方法：每个机位须在相隔两层的位置安装抗倾覆导向轮，附着式升降脚手架上升时在第二层和第四层楼面位置安装抗倾覆导向轮，附着式升降脚手架下降时在第一层和第三层楼面位置安装抗倾覆导向轮。

4. 脚手架架体倾斜

产生原因：

通常情况下，是由于防倾装置安装不当或失灵，导致架体向内或向外倾斜。

处置方法：

（1）检查防倾装置安装是否正确，若防倾装置数量不足应根据设计加装；若防倾装置间距过小按设计要求进行调整；若防倾装置安装位置不正确，例如最高一组防倾装置的安装高度低于架体的重心位置，应按设计要求进行调整；若防倾装置的支撑臂调整不当，应进行调整直至架体满足垂直度要求。

（2）检查防倾装置是否有效，若部件损坏，应及时更换；若防倾装置与建筑结构附着不当，应按设计要求进行安装或调整。若可滑动导向件与导轨的间隙过大，应及时调整。

5. 机位运行不同步性

产生原因：

通常情况下机位不同步主要是由于电动葫芦提升速度不一致造成的。

处理方法：

（1）动力电动葫芦不是同厂同批次产品，其转运速度不一致，需更换新的同厂同批次电动葫芦。

（2）同步性监控方法落后，改人工测量监控为电子监控。

（3）电动葫芦控制按钮接触性不好，时好时坏，引起葫芦断续工作，人为难以察觉。因此需经常性检查按钮触点工作状态，一有情况需立即更换。

6. 机位锁锁死处理

产生原因：

（1）导轨偏差。

（2）机位运行不同步。

（3）架体与建筑物上突出物（如钢管、模板等）发生受阻情况而引起的某机位突然短距离坠落。

处理方法：

在发生误锁情况时，必须立即停止施工作业，把误锁机位左右一到二个机位提起到比锁死机位略高位置时再与锁死机位同时提起 1cm 左右，使锁夹松开，然后重新调整锁夹间隙和各机位高度后重新进行升降作业。

第二节　现场安装存在主要问题

一、架体尺寸参数问题

2004 年建设部颁布的《建筑施工附着升降脚手架管理暂行规定》中要求架体全高不超过 5 倍楼层高度，架体相邻机位跨度不超 8m（曲线跨度不超 5.4m），悬挑部分不得超过 2m，悬臂部分不得超出 6m 且不超架体全高的五分之二等。但由于建筑结构或施工的要求，有时不可避免地要超出标准要求，这是在现场安装验收常遇到的问题，一般在这种情况下，要求架体增加合理的安全措施，例如，加可靠临时拉结，增加机位间的卸荷措施等，并要求其方案通过专家论证。

二、升降系统问题

提升系统包括提升支座、电动葫芦和钢丝绳等组成。在现场安装使用中常出现的问题有的电动葫芦不满挂；提升支座螺栓松动（无备母弹垫或未露丝）；提升支座安装位置不合理，致使电动葫芦斜拉架体；提升上支座用钢丝绳代替；钢丝绳直接担设于墙体上等问题,如图 5-1～图 5-3 所示。

图 5-1　提升支座用钢丝绳代　　图 5-2　电动葫芦斜拉架体　　图 5-3　提升支座螺栓松动
替并直接担设于阳台板

三、防坠系统问题

对于附着式升降脚手架,防坠系统尤为重要,它是保证架体升降过程安全的主要保障。一般也是安装验收重点查看的部分。对于防坠系统,各个厂家生产差别很大,目前常用的有钢吊杆式、转轮式、摆针式等等。对于不同防坠器安装时出现问题也不同。

(1) 钢吊杆式的防坠器安装出现主要问题

钢吊杆式的防坠器是依靠钢吊杆的运行速度触发的。对于钢吊杆式的防坠器,由于在每次爬升后需重新安装吊杆及支座,所以现场工人往往忽略或漏装钢吊杆、在安装过程中支座螺栓未上紧等,如图 5-4,图 5-5 所示。此外,钢吊杆弯曲变形也是常遇到问题,如图 5-6 所示,但由于弯曲会影响架体提升,一般安装单位会及时纠正。

图 5-4　钢吊杆未安装　　　　图 5-5　支座螺栓松动　　　　图 5-6　钢吊杆变形

(2) 转轮式防坠器安装出现主要问题

转轮式防坠器是靠架体运行速度触发,一般靠弹簧或转轮自重复位。对于此类防坠器常因防尘措施不可靠出现卡死现象,不能正常升降,如图 5-7,图 5-8 所示;对于靠弹簧复位的转轮防坠器,经常出现弹簧疲劳失效、塑性变形或未安装现象。

图 5-7　防坠器卡死　　　　　　图 5-8　缺少防尘措施

（3）摆针式防坠器安装出现主要问题

摆针式防坠器是一种靠弹簧松紧度来触发的防坠器，一般在通过弹簧与提升装置连接，在架体提升装置受力后自行恢复。对于此类防坠器，安装时连接弹簧或钢丝绳的张紧度就尤为重要，也是现场出现较多的问题，如弹簧漏装、张紧度不合适等。

四、卸荷系统问题

附墙支座是架体的卸荷结构，架体自重及施工荷载全部通过附墙支座传递到主体结构上，由此可见，其安全性也是尤为重要的。

附墙支座一般是由板材和杆件焊接或铰接而成，有些厂家将防坠器设置其中，通过穿墙螺栓与墙体连接起来，实现卸荷目的。对于附墙支座，现场安装问题一般有：安装倾斜、穿墙螺栓不规范（松动、缺备母或弹垫、螺母未露丝）、支座与墙体间垫设木枋，如图 5-9～图 5-12 所示。有时由于建筑结构问题，附墙支座安装在挑梁（或板凳）一端或三角件上，挑梁（或板凳）或三角件固定于建筑结构上，挑梁（或板凳）安装时出现安装板凳尺寸设置不合理、垫设木枋、固定螺栓松动或缺失等现象，如图 5-13～图 5-16 所示。此外，有时由于现场人员或其他原因，会出现架体提升后导座上调不及时的现象。

图 5-9　缺备母、未露丝　　　图 5-10　垫设木枋　　　图 5-11　穿墙螺栓松动

图 5-12　安装倾斜

图 5-13　板凳尺寸不合适

图 5-14　螺栓松动

图 5-15　无备母和垫片

图 5-16　垫木枋

五、荷载控制系统问题

在《建筑施工工具式脚手架安全技术规范》JGJ 202—2010 规范中要求架体必须安装荷载控制系统，要求其在超欠载 15％报警，超欠载 30％时断电停机。目前，生产厂家多用在提升系统中加入一个拉力传感器来测量每个机位的拉力，将测量值传递到控制箱，与设置的值进行对比计算。在现场安装使用时常出现拉力传感器未安装、连接线未接或断开。此外由于现在安装人员的专业水平有限，时常出现数值设置不准确或由于设置有误系统无法正常工作等问题。

六、其他安全问题

（1）水平防护不到位。水平防护包括底部硬防护、上部水平防护等。由于建筑物外形的不规则，加上施工班组的交叉作业，水平防护是最容易破坏而出现安全隐患的部位。

（2）卸料平台是脚手架施工的最大危险源。由于它是独立承载物料重量，且悬挂于脚手架架体以外，最容易造成物料坠落伤人事故。控制卸料平台的施工荷载是平台安全使用的最基本保证。同时做到材料即装即吊，不准交班和过夜，并做好平台的交接使用记录工作。

（3）脚手架运行过程中的障碍物是脚手架最常遇见的最基本问题，这就要求在脚手架升降前，从脚手架的底部到顶部全方位检查并拆除障碍物，保证架体运行平稳。

（4）脚手架的同步控制问题。目前在施工现场几乎采用的都是刻度标尺观察记录控制，同时采用同型号同批次的电动葫芦，每次升降前通过做电动葫芦链条空放的试验来检查其空载时的同步性从而来保证承载时的同步。升降过程中出现超过规定的不同步参数时，要立即处理，采用单机调整的方式来达到架体的水平度。当出现某一机位严重不同步时要采取更换电动葫芦等方式来解决。

（5）提前提升问题。项目部为赶工期，在主体结构混凝土强度尚未达到要求时，就要求提升脚手架，这样容易造成提升架在提升过程中发生垮塌垮架事故。

第三节　附着式升降脚手架安全事故实例

在国内建筑施工工地历年发生的安全事故中，与脚手架有关的大致占了 1/4 左右，脚手架是建筑工地安全事故的多发区。下面列举几项近期发生的几起脚手架重大事故，其中包括附着式升降脚手架自 20 世纪 90 年代初开始用于工程以来相继发生的一些意外安全事故。

事故一：

2002 年 11 月 9 日脚手架的附着高度在某工程的 17 层至 19 层，此脚手架附着支撑形式为"吊拉式"，随脚手架的升降，其斜拉杆的悬吊位置也需随之进行改变。当作业人员将 1 号主框架拉杆逐渐拆除到 5 号主框架时，脚手架主框架便从 1 号主框架依次向 5 号主框架倒塌过来，造成 4 名作业人员随脚手架坠落死亡。

事故分析：

1. 技术方面

此种脚手架属侧向支撑结构，架体荷载通过主框架、斜拉杆及附墙架传给建筑结构。在改变斜拉杆位置时，作业人员应该先进行一榀主框架拉杆拆除，并按新位置将附墙支架固定后，才能进行另一榀主框架的拆除和固定。而作业人员采取了将数榀主框架附墙架同时拆除的方法，使脚手架支撑点明显减少，造成架体失稳倒塌。附着式升降脚手架质量不符合要求。此附着式升降脚手架的附墙支架及吊环经改造加长后，焊缝未达到设计和规范要求，未经检查确认就盲目使用，受力后导致破坏，使脚手架失去支撑坍塌。

2. 管理方面

脚手架违章使用。按照规定：脚手架在升降和使用情况下，应确保每一竖向主框架的附着支撑不得少于两处。而该脚手架没有严格执行交接验收，致使作业人员随意上下，在脚手架没有足够的附着支撑情况下安排人员上架作业，导致脚手架失稳。另外，脚手架在进行装修作业时，规定同时作业不得超过 3 层，而该脚手架上铺设了 7 层脚手板，作业层数严重失控。

以上可以看出，从脚手架设计制作、施工管理以及作业人员操作都存在严重问题，导致了这次事故的发生。

事故二：

2012 年 9 月 10 日，西安市凯玄大厦建设工地发生附着式升降脚手架坠落事故，造成 10 人死亡、2 人受伤，是陕西省首次发生的房屋建筑施工重大安全生产事故。

事故分析：

1. 技术方面

据相关专家分析，作业人员违规、违章作业是造成该起事故发生的主要原因。按照规定，附着式脚手架在准备下降时，应先悬挂电动葫芦，然后撤离架体上的人员，最后拆除定位承力构件，方可进行下降。据初步调查，在这起事故中，作业人员在没有先悬挂电动葫芦，而且架体本身安装的防坠落装置未能有效起作用，在架体一断开处下坠后，由于不能及时制动，导致连锁反应，架体坠落。此外，操作过程中未能撤清架体上人员的情况下就直接进行脚手架下降作业，也是这次事故的原因之一。

2. 管理方面

租赁单位资质存在挂靠、违法分包等现象，为了节约成本，电动葫芦配置数量不够，且在安装不到位情况未能及时处理，施工现场管理混乱；现场技术人员培训不到位，未能按照操作规程操作，也是造成这次事故的原因之一。

第六章　施工现场安全标识

住房和城乡建设部发布行业标准《建筑工程施工现场标志设置技术规程》JGJ 348—2014，自 2015 年 5 月 1 日起实施。其中，第 3.0.2 条为强制性条文，必须严格执行。

施工现场安全标志的类型、数量应根据危险部位的性质，分别设置不同的安全标志。建筑工程施工现场的下列危险部位和场所应设置安全标志：

（1）通道口、楼梯口、电梯口和孔洞口。

（2）基坑和基槽外围、管沟和水池边沿。

（3）高差超过 1.5m 的临边部位。

（4）爆破、起重、拆除和其他各种危险作业场所。

（5）爆破物、易燃物、危险气体、危险液体和其他有毒有害危险品存放处。

（6）临时用电设施和施工现场其他可能导致人身伤害的危险部位或场所。

根据现行《建设工程安全生产管理条例》的规定，施工单位应当在施工现场入口处、施工起重机械、临时用电设施、脚手架、出入通道口、楼梯口、电梯井口、孔洞口、桥梁口、隧道口、基坑边沿、爆破物及有害危险气体和液体存放处等危险部位，设置明显的安全警示标志。

施工现场内的各种安全设施、设备、标志等，任何人不得擅自移动、拆除。因施工需要必须移动或拆除时，必须要经项目经理同意后并办理有关手续，方可实施。

安全标志是指在操作人中容易产生错误，易造成事故的场所，为了确保安全，所设置的一种标示。此标示由安全色、几何图形符合构成，是用以表达特定安全信息的特殊标示，设置安全标志的目的，是为了引起人们对不安全因素的注意，预防事故发生。安全标志包括：

（1）禁止标志：是不准或制止人的某种行为（图形为黑色，禁止符号与文字底色为红色）。

（2）警告标志：是使人注意可能发生的危险（图形警告符号及字体为黑色，图形底色为黄色）。

（3）指令标志：是告诉人必须遵守的意思（图形为白色，指令标志底色均为蓝色）。

（4）提示标志：是向人提示目标的方向。

安全色是表达信息含义的颜色，用来表示禁止、警告、指令、指示等，其作用在于使人能迅速发现或分辨安全标志，提醒人员注意，预防事故发生。安全色包括：

（1）红色：表示禁止、停止、消防和危险的意思。

（2）蓝色：表示指令，必须遵守的规定。

（3）黄色：表示通行、安全和提供信息的意思。

专用标志是结合建筑工程施工现场特点，总结施工现场标志设置的共性所提炼的，专用标志的内容应简单、易懂、易识别；要让从事建筑工程施工的从业人员都准确无误地识别，所传达的信息独一无二，不能产生歧义。其设置的目的是引起人们对不安全因素的注意并规范施工现场标志的设置，达到施工现场安全文明。专用标志可分为名称标志、导向标志、制度类标志和标线4种类型。

多个安全标志在同一处设置时，应按禁止、警告、指令、提示类型的顺序，先左后右，先上后下地排列。出入施工现场遵守安全规定，认知标志，保障安全是实习阶段最应关注的事项。学员和教师均应注意学习施工现场安全管理规定、设备与自我防护知识、成品保护知识、临近作业和交叉作业安全规定等；尤其是要了解和认知施工现场安全常识、现场标志，遵守管理规定。

常见标准如下：

《安全色》GB 2893—2008；

《安全标志及其使用导则》GB 2894—2008；

《道路交通标志和标线》GB 5768—2009；

《消防安全标志》GB 13495—1992；

《消防安全标志设置要求》GB 15630—1995；

《消防应急照明和疏散指示标志》GB 17945—2010；

《建筑工程施工现场标志设置技术规程》JGJ 348—2014；

《建筑机械使用安全技术规程》JGJ 33—2012；

《施工现场机械设备检查技术规程》JGJ 160—2008。

根据现行《建设工程安全生产管理条例》的规定，施工单位应当在施工现场入口处、施工起重机械、临时用电设施、脚手架、出入通道口、楼梯口、电梯井口、孔洞口、桥梁口、隧道口、基坑边沿、爆破物及有害危险气体和液体存放处等危险部位，设置明显的安全警示标志。安全警示标志必须符合国家标准。本条重点指出了通道口、预留洞口、楼梯口、电梯井口、基坑边沿、爆破物存放处、有害危险气体和液体存放处应设置安全标志，目的是强化在上述区域安全标志的设置。在施工过程中，当危险部位缺乏相应安全信息的安全标志时，极易出现安全事故。为降低施工过程中安全事故发生的概率，要求必须设置明显的安全标志。危险部位安全标志设置的规定，保证了施工现场安全生产活动的正常进行，也为安全检查等活动正常开展提供了依据。

第一节　禁　止　类　标　志

施工现场禁止标志的名称、图形符号、设置范围和地点的规定见表6-1。

禁止标志　　　　　　　　　　　　　　　　　　　　　　　　表 6-1

名称	图形符号	设置范围和地点	名称	图形符号	设置范围和地点
禁止通行		封闭施工区域和有潜在危险的区域	禁止停留		存在对人体有危害因素的作业场所

名称	图形符号	设置范围和地点	名称	图形符号	设置范围和地点
禁止跨越	禁止跨越	施工沟槽等禁止跨越的场所	禁止吸烟	禁止吸烟	禁止吸烟的木工加工场等场所
禁止跳下	禁止跳下	脚手架等禁止跳下的场所	禁止烟火	禁止烟火	禁止烟火的油罐、木工加工场等场所
禁止乘人	禁止乘人	禁止乘人的货物提升设备	禁止放易燃物	禁止放易燃物	禁止放易燃物的场所
禁止踩踏	禁止踩踏	禁止踩踏的现浇混凝土等区域	禁止用水灭火	禁止用水灭火	禁止用水灭火的发电机、配电房等场所

名称	图形符号	设置范围和地点	名称	图形符号	设置范围和地点
禁止碰撞	禁止碰撞	易有燃气积聚，设备碰撞发生火花易发生危险的场所	禁止攀登	禁止攀登	禁止攀登的桩机、变压器等危险场所
禁止挂重物	禁止挂重物	挂重物易发生危险的场所	禁止靠近	禁止靠近	禁止靠近的变压器等危险区域
禁止入内	禁止入内	禁止非工作人员入内和易造成事故或对人员产生伤害的场所	禁止启闭	禁止启闭	禁止启闭的电器设备处
禁止吊物下通行	禁止吊物下通行	有吊物或吊装操作的场所	禁止合闸	禁止合闸	禁止电气设备及移动电源开关处

续表

名称	图形符号	设置范围和地点	名称	图形符号	设置范围和地点
禁止转动	禁止转动	检修或专人操作的设备附近	禁止堆放	禁止堆放	堆放物资影响安全的场所
禁止触摸	禁止触摸	禁止触摸的设备或物体附近	禁止挖掘	禁止挖掘	地下设施等禁止挖掘的区域
禁止戴手套	禁止戴手套	戴手套易造成手部伤害的作业地点			

第二节 警告标志

施工现场警告标志的名称、图形符号、设置范围和地点的规定见表6-2。

警告标志   表6-2

名称	图形符号	设置范围和地点	名称	图形符号	设置范围和地点
注意安全	注意安全	禁止标志中易造成人员伤害的场所	当心爆炸	当心爆炸	易发生爆炸危险的场所

名称	图形符号	设置范围和地点	名称	图形符号	设置范围和地点
当心火灾	当心火灾	易发生火灾的危险场所	当心跌落	当心跌落	建筑物边沿、基坑边沿等易跌落场所
当心坠落	当心坠落	易发生坠落事故的作业场所	当心伤手	当心伤手	易造成手部伤害的场所
当心碰头	当心碰头	易碰头的施工区域	当心机械伤人	当心机械伤人	易发生机械卷入、轧压、碾压、剪切等机械伤害的作业场所
当心绊倒	当心绊倒	地面高低不平易绊倒的场所	当心扎脚	当心扎脚	易造成足部伤害的场所
当心障碍物	当心障碍物	地面有障碍物并易造成人的伤害的场所	当心落物	当心落物	易发生落物危险的区域

名称	图形符号	设置范围和地点	名称	图形符号	设置范围和地点
当心车辆	**当心车辆**	车、人混合行走的区域	当心塌方	**当心塌方**	有塌方危险区域
当心触电	**当心触电**	有可能发生触电危险的场所	当心冒顶	**当心冒顶**	有冒顶危险的作业场所
注意避雷	避雷装置 **注意避雷**	易发生雷电电击区域	当心吊物	**当心吊物**	有吊物作业的场所
当心滑倒	**当心滑倒**	易滑倒场所	当心噪声	**当心噪声**	噪声较大易对人体造成伤害的场所
当心坑洞	**当心坑洞**	有坑洞易造成伤害的作业场所	注意通风	**注意通风**	通风不良的有限空间

续表

名称	图形符号	设置范围和地点	名称	图形符号	设置范围和地点
当心飞溅	当心飞溅	有飞溅物质的场所	当心自动启动	当心自动启动	配有自动启动装置的设备处

第三节　指　令　标　志

施工现场指令标志的名称、图形符号、设置范围和地点的规定见表6-3。

指　令　标　志　　　　　　　　　　　表6-3

名称	图形符号	设置范围和地点	名称	图形符号	设置范围和地点
必须戴防毒面具	必须戴防毒面具	通风不良的有限空间	必须戴防护耳罩	必须戴防护耳罩	噪声较大易对人体造成伤害的场所
必须戴防护面罩	必须戴防护面罩	有飞溅物质等对面部有伤害的场所	必须戴防护眼镜	必须戴防护眼镜	有强光等对眼睛有伤害的场所

续表

名称	图形符号	设置范围和地点	名称	图形符号	设置范围和地点
必须消除静电	必须消除静电	有静电火花会导致灾害的场所	必须穿防护鞋	必须穿防护鞋	具有腐蚀、灼烫、触电、刺伤、砸伤等易伤害脚部的场所
必须戴安全帽	必须戴安全帽	施工现场	必须系安全带	必须系安全带	高处作业的场所
必须戴防护手套	必须戴防护手套	具有腐蚀、灼烫、触电、刺伤等易伤害手部的场所	必须用防爆工具	必须用防爆工具	有静电火花会导致灾害的场所

第四节 提示标志

施工现场提示标志的名称、图形符号、设置范围和地点应符合表6-4的规定。

提 示 标 志
表 6-4

名称	名称及图形符号	设置范围和地点	名称	名称及图形符号	设置范围和地点
动火区域		施工现场划定的可使用明火的场所	应急避难场所		容纳危险区域内疏散人员的场所
避险处		躲避危险的场所	紧急出口		用于安全疏散的紧急出口处，与方向箭头结合设在通向紧急出口的通道处（一般应指示方向）

第五节　导　向　标　志

施工现场导向标志的名称、图形符号、设置范围和地点的规定见表6-5、表6-6。

导 向 标 志
表 6-5

禁令标志图形符号	名　称	设置范围和地点	禁令标志图形符号	名　称	设置范围和地点
	直行	道路边		向右转弯	道路交叉口前

67

续表

禁令标志 图形符号	名　称	设置范围 和地点	禁令标志 图形符号	名　称	设置范围 和地点
	向左转弯	道路交叉口前		停车位	停车场前
	靠左侧道路行驶	须靠左行驶前		减速让行	道路交叉口前
	靠右侧道路行驶	须靠右行驶前		禁止驶入	禁止驶入路段入口处前
	单行路（按箭头方向向左或向右）	道路交叉口前		禁止停车	施工现场禁止停车区域
	单行路（直行）	允许单行路前		禁止鸣喇叭	施工现场禁止鸣喇叭区域
	人行横道	人穿过道路前		限制速度	施工现场入出口等需限速处
	限制质量	道路、便桥等限制质量地点前		限制宽度	道路宽度受限处

续表

禁令标志 图形符号	名　称	设置范围 和地点	禁令标志 图形符号	名　称	设置范围 和地点
	限制高度	道路、门框等高度受限处		停车检查	施工车辆出入口处

交通警告标志　　　　　　　　　　　　　　　　　表 6-6

	慢行	施工现场出入口、转弯处等		上陡坡	施工区域陡坡处，如基坑施工处
	向左急转弯	施工区域向左急转弯处		下陡坡	施工区域陡坡处，如基坑施工处
	向右急转弯	施工区域向右急转弯处		注意行人	施工区域与生活区域交叉处

第六节　现　场　标　线

施工现场标线的图形、名称、设置范围和地点的规定见表 6-7、图 6-1～6-3。

标　　线　　　　　　　　　　　　　　　　　　　表 6-7

图形	名称	设置范围和地点
	禁止跨越标线	危险区域的地面
	警告标线（斜线倾角为 45°）	易发生危险或可能存在危险的区域，设在固定设施或建（构）筑物上
	警告标线（斜线倾角为 45°）	
	警告标线（斜线倾角为 45°）	

续表

图形	名称	设置范围和地点
▌▌▌▌▌▌▌▌▌▌▌▌▌▌▌	警告标线	易发生危险或可能存在危险的区域，设在移动设施上
⚡高压危险	禁示带	危险区域

图 6-1　临边防护标线示意
（标志附在地面和防护栏上）

图 6-2　脚手架剪刀撑标线示意
（标线附在剪刀撑上）

图 6-3　电梯井立面防护标线示意（标线附在防护栏上）

第七节　制　度　标　志

施工现场制度标志的名称、设置范围和地点的规定见表 6-8。

	制度标志	表 6-8

序号	名　称		设置范围和地点
1	管理制度标志	工程概况标志牌	施工现场大门入口处和相应办公场所
		主要人员及联系电话标志牌	
		安全生产制度标志牌	
		环境保护制度标志牌	
		文明施工制度标志牌	
		消防保卫制度标志牌	
		卫生防疫制度标志牌	
		门卫管理制度标志牌	
		安全管理目标标志牌	
		施工现场平面图标志牌	
		重大危险源识别标志牌	
		材料、工具管理制度标志牌	仓库、堆场等处
		施工现场组织机构标志牌	办公室、会议室等处
		应急预案分工图标志牌	
		施工现场责任表标志牌	
		施工现场安全管理网络图标志牌	
		生活区管理制度标志牌	生活区
2	操作规程标志	施工机械安全操作规程标志牌	施工机械附近
		主要工种安全操作标志牌	各工种人员操作机械附件和工种人员办公室
3	岗位职责标志	各岗位人员职责标志牌	各岗位人员办公和操作场所

名称标志示例：

第八节　道路施工作业安全标志

高处作业车在道路上进行施工时应根据道路交通的实际需求设置施工标志，路栏，锥形交通路标等安全设施，夜间应有反光或施工警告灯号，人行道上临时移动施工应使用临时护栏。应根据现行，交通状况，交通管理要求，环境及气候特征等情况，设置不同的标志。常用的安全标志表 6-9 已经列出，具体设置方法请参照《道路交通标志和标线》GB

5768—2009 的有关规定执行。

道路施工常用安全标志 表 6-9

指示标志图形符号	名称	设置范围和地点	指示标志图形符号	名称	设置范围和地点
前方施工 1km 前方施工 300m	前方施工	道路边	锥形交通标	锥形交通标	路面上
右道封闭 300m 右道封闭	右道封闭	道路边	道路封闭 300m 道路封闭	道路封闭	道路边
中间封闭 300m 中间封闭	中间道路封闭	道路边	左道封闭 300m 左道封闭	左道封闭	道路边
向左行驶	向左行驶	路面上	施工路栏	施工路栏	路面上
向左改道	向左改道	道路边	向右行驶	向右行驶	路面上
			向右改道	向右改道	道路边

指示标志 图形符号	名称	设置范围 和地点	指示标志 图形符号	名称	设置范围 和地点
	道口标柱	路面上		移动性施工 标志	路面上

第七章 相 关 标 准

第一节 《建筑施工安全检查标准》JGJ 59—2011
（附着式升降脚手架章节）

一、检查评定项目

（一）安全管理

1. 安全管理检查评定应符合国家现行有关安全生产的法律、法规、标准的规定。

2. 安全管理检查评定

保证项目应包括：安全生产责任制、施工组织设计及专项施工方案、安全技术交底、安全检查、安全教育、应急救援。

一般项目应包括：分包单位安全管理、持证上岗、生产安全事故处理、安全标志。

3. 安全管理保证项目的检查评定应符合下列规定：

（1）安全生产责任制

1）工程项目部应建立以项目经理为第一责任人的各级管理人员安全生产责任制；

2）安全生产责任制应经责任人签字确认；

3）工程项目部应有各工种安全技术操作规程；

4）工程项目部应按规定配备专职安全员；

5）对实行经济承包的工程项目，承包合同中应有安全生产考核指标；

6）工程项目部应制定安全生产资金保障制度；

7）按安全生产资金保障制度，应编制安全资金使用计划，并应按计划实施；

8）工程项目部应制定以伤亡事故控制、现场安全达标、文明施工为主要内容的安全生产管理目标；

9）按安全生产管理目标和项目管理人员的安全生产责任制，应进行安全生产责任目标分解；

10）应建立对安全生产责任制和责任目标的考核制度；

11）按考核制度，应对项目管理人员定期进行考核。

（2）施工组织设计及专项施工方案

1）工程项目部在施工前应编制施工组织设计，施工组织设计应针对工程特点、施工工艺制定安全技术措施；

2）危险性较大的分部分项工程应按规定编制安全专项施工方案，专项施工方案应有针对性，并按有关规定进行设计计算；

3）超过一定规模危险性较大的分部分项工程，施工单位应组织专家对专项施工方案进行论证；

4）施工组织设计、安全专项施工方案，应由有关部门审核，施工单位技术负责人、监理单位项目总监批准；

5）工程项目部应按施工组织设计、专项施工方案组织实施。

（3）安全技术交底

1）施工负责人在分派生产任务时，应对相关管理人员、施工作业人员进行书面安全技术交底；

2）安全技术交底应按施工工序、施工部位、施工栋号分部分项进行；

3）安全技术交底应结合施工作业场所状况、特点、工序，对危险因素、施工方案、规范标准、操作规程和应急措施进行交底；

4）安全技术交底应由交底人、被交底人、专职安全员进行签字确认。

（4）安全检查

1）工程项目部应建立安全检查制度；

2）安全检查应由项目负责人组织，专职安全员及相关专业人员参加，定期进行检查并填写检查记录；

3）对检查中发现的事故隐患应下达隐患整改通知单，定人、定时间、定措施进行整改。重大事故隐患整改后，应由相关部门组织复查。

（5）安全教育

1）工程项目部应建立安全教育培训制度；

2）当施工人员入场时，工程项目部应组织进行以国家安全法律法规、企业安全制度、施工现场安全管理规定及各工种安全技术操作规程为主要内容的三级安全教育培训和考核；

3）当施工人员变换工种或采用新技术、新工艺、新设备、新材料施工时，应进行安全教育培训；

4）施工管理人员、专职安全员每年度应进行安全教育培训和考核。

（6）应急救援

1）工程项目部应针对工程特点，进行重大危险源的辨识。应制定防触电、防坍塌、防高处坠落、防起重及机械伤害、防火灾、防物体打击等主要内容的专项应急救援预案，并对施工现场易发生重大安全事故的部位、环节进行监控；

2）施工现场应建立应急救援组织，培训、配备应急救援人员，定期组织员工进行应急救援演练；

3）按应急救援预案要求，应配备应急救援器材和设备。

4. 安全管理一般项目的检查评定应符合下列规定：

（1）分包单位安全管理

1）总包单位应对承揽分包工程的分包单位进行资质、安全生产许可证和相关人员安全生产资格的审查；

2）当总包单位与分包单位签订分包合同时，应签订安全生产协议书，明确双方的安全责任；

3）分包单位应按规定建立安全机构，配备专职安全员。

（2）持证上岗

1）从事建筑施工的项目经理、专职安全员和特种作业人员，必须经行业主管部门培训考核合格，取得相应资格证书，方可上岗作业；

2）项目经理、专职安全员和特种作业人员应持证上岗。

（3）生产安全事故处理

1）当施工现场发生生产安全事故时，施工单位应按规定及时报告；

2）施工单位应按规定对生产安全事故进行调查分析，制定防范措施；

3）应依法为施工作业人员办理保险。

（4）安全标志

1）施工现场入口处及主要施工区域、危险部位应设置相应的安全警示标志牌；

2）施工现场应绘制安全标志布置图；

3）应根据工程部位和现场设施的变化，调整安全标志牌设置；

4）施工现场应设置重大危险源公示牌。

（二）文明施工

1. 文明施工检查评定应符合国家现行标准《建设工程施工现场消防安全技术规范》GB 50720—2011 和《建筑施工现场环境与卫生标准》JGJ 146—2013，《施工现场临时建筑物技术规范》JGJ/T188—2009 的规定。

2. 文明施工检查评定保证项目应包括：现场围挡、封闭管理、施工场地、材料管理、现场办公与住宿、现场防火。一般项目应包括：综合治理、公示标牌、生活设施、社区服务。

3. 文明施工保证项目的检查评定应符合下列规定：

（1）现场围挡

1）市区主要路段的工地应设置高度不小于 2.5m 的封闭围挡；

2）一般路段的工地应设置高度不小于 1.8m 的封闭围挡；

3）围挡应坚固、稳定、整洁、美观。

（2）封闭管理

1）施工现场进出口应设置大门，并应设置门卫值班室；

2）应建立门卫职守管理制度，并应配备门卫职守人员；

3）施工人员进入施工现场应佩戴工作卡；

4）施工现场出入口应标有企业名称或标识，并应设置车辆冲洗设施。

（3）施工场地

1）施工现场的主要道路及材料加工区地面应进行硬化处理；

2）施工现场道路应畅通，路面应平整坚实；

3）施工现场应有防止扬尘措施；

4）施工现场应设置排水设施，且排水通畅无积水；

5）施工现场应有防止泥浆、污水、废水污染环境的措施；

6）施工现场应设置专门的吸烟处，严禁随意吸烟；

7）温暖季节应有绿化布置。

（4）材料管理

1）建筑材料、构件、料具应按总平面布局进行码放；

2）材料应码放整齐，并应标明名称、规格等；

3）施工现场材料码放应采取防火、防锈蚀、防雨等措施；

4）建筑物内施工垃圾的清运，应采用器具或管道运输，严禁随意抛掷；

5）易燃易爆物品应分类储藏在专用库房内，并应制定防火措施。

（5）现场防火

1）施工现场应建立消防安全管理制度、制定消防措施；

2）施工现场临时用房和作业场所的防火设计应符合规范要求；

3）施工现场应设置消防通道、消防水源，并应符合规范要求；

4）施工现场灭火器材应保证可靠有效，布局配置应符合规范要求；

5）明火作业应履行动火审批手续，配备动火监护人员。

二、相关检查规定

（一）附着式升降脚手架检查评定应符合现行行业标准《建筑施工工具式脚手架安全技术规范》JGJ 202—2010 的规定。

（二）检查评定保证项目包括：施工方案、安全装置、架体构造、附着支座、架体安装、架体升降。一般项目包括：检查验收、脚手板、防护、操作。

（三）保证项目的检查评定应符合下列规定：

1. 施工方案

（1）附着式升降脚手架搭设、拆除作业应编制专项施工方案、结构设计应进行设计计算；

（2）专项施工方案应按规定进行审批，架体提升高度超过 150m 的专项施工方案应经专家论证；

2. 安全装置

（1）附着式升降脚手架应安装机械式全自动防坠落装置，技术性能应符合规范要求；

（2）防坠落装置与升降设备应分别独立固定在建筑结构处；

（3）防坠落装置应设置在竖向主框架处与建筑结构附着；

（4）附着式升降脚手架应安装防倾覆装置，技术性能应符合规范要求；

（5）在升降或使用工况下，最上和最下两个防倾装置之间最小间距不应小于 2.8m 或架体高度的 1/4；

（6）附着式升降脚手架应安装同步控制或荷载控制装置，同步控制或荷载控制误差应符合规范要求。

3. 架体构造

（1）架体高度不应大于 5 倍楼层高度、宽度不应小于 1.2m；

（2）直线布置架体支承跨度不应大于 7m，折线、曲线布置架体支承跨度不应大于 5.4m；

（3）架体水平悬挑长度不应大于 2m 且不应大于跨度的 1/2；

（4）架体悬臂高度应不大于 2/5 架体高度且不大于 6m；

（5）架体高度与支承跨度的乘积不应大于 110m²。

4. 附着支座

（1）附着支座数量、间距应符合规范要求；

（2）使用工况应将主框架与附着支座固定；

（3）升降工况时，应将防倾、导向装置设置在附着支座处；

（4）附着支座与建筑结构连接固定方式应符合规范要求。

5. 架体安装

（1）主框架和水平支承桁架的节点应采用焊接或螺栓连接，各杆件的轴线应汇交于节点；

（2）内外两片水平支承桁架上弦、下弦间应设置水平支撑杆件，各节点应采用焊接式螺栓连接；

（3）架体立杆底端应设在水平桁架上弦杆的节点处；

（4）与墙面垂直的定型竖向主框架组装高度应与架体高度相等；

（5）剪刀撑应沿架体高度连续设置，角度应符合 $45°\sim60°$ 的要求，剪刀撑应与主框架、水平桁架和架体有效连接。

6. 架体升降

（1）两跨以上架体同时升降应采用电动或液压动力装置，不得采用手动装置；

（2）升降工况时附着支座处建筑结构混凝土强度应符合规范要求；

（3）升降工况时架体上不得有施工荷载，禁止操作人员停留在架体上。

（四）一般项目的检查评定应符合下列规定：

1. 检查验收

（1）动力装置、主要结构配件进场应按规定进行验收；

（2）架体分段安装、分段使用应办理分段验收；

（3）架体安装完毕，应按规范要求进行验收，验收表应有责任人签字确认；

（4）架体每次提升前应按规定进行检查，并应填写检查记录。

2. 脚手板

（1）脚手板应铺设严密、平整、牢固；

（2）作业层与建筑结构间距离应不大于规范要求；

（3）脚手板材质、规格应符合规范要求。

3. 防护

（1）架体外侧应封挂密目式安全网；

（2）作业层外侧应在高度 1.2m 和 0.6m 处设置上、中两道防护栏杆；

（3）作业层外侧应设置高度不小于 180mm 的挡脚板。

4. 操作

（1）操作前应按规定对有关技术人员和作业人员进行安全技术交底；

（2）作业人员应经培训并定岗作业；

（3）安装拆除单位资质应符合要求，特种作业人员应持证上岗；

（4）架体安装、升降、拆除时应按规定设置安全警戒区，并应设置专人监护；

（5）荷载分布应均匀、荷载最大值应在规范允许范围内。

第二节 《建筑施工工具式脚手架安全技术规范》 JGJ 202—2010

一、应用范围

本规范包括附着式升降脚手架（单跨、整体依靠手动、电动和液压升降的架体）的设计、制作、安装、拆除、使用及管理。（相关术语见前文）

二、安装、使用和拆除过程中相关规定

（一）构造措施

1. 附着式升降脚手架由竖向主框架、水平支承桁架、架体构架、附着支承结构、防倾、防坠装置等组成。

2. 附着式升降脚手架结构构造的尺寸应符合以下规定：

（1）架体高度不得大于 5 倍楼层高；

（2）架体宽度不得大于 1.2m；

（3）直线布置的架体支承跨度不得大于 7m，折线或曲线布置的架体，相邻两主框架支撑点处的架体外侧距离不得大于 5.4m；

（4）架体的水平悬挑长度不得大于 2m，且不得大于跨度的 1/2；

（5）架体全高与支承跨度的乘积不得大于 110m^2；

（6）两主框架之间架体的搭设应符合《建筑施工扣件式钢管脚手架安全技术规范》JGJ 130—2011 的要求。

3. 附着式升降脚手架必须在附着支承结构部位设置与架体高度相等的与墙面垂直的定型的竖向主框架，竖向主框架应是采用焊接或螺栓连接的竖向桁架或刚架，并能与水平支撑桁架和架体构架构成有足够强度和支撑刚度的空间几何不变体系的稳定结构。

竖向主框架结构构造应符合下列规定：

（1）竖向主框架可采用整体结构或分段对接式结构。结构形式应为竖向桁架或门型刚架形式等。各杆件的轴线应汇交于节点处，并应采用螺栓或焊接连接，如不交汇一点，必须进行附加弯矩验算；

（2）架体升降采用中心吊时，在悬臂（吊）梁行程范围内竖向主框架内侧水平杆去掉部分的断面，必须采取可靠的加固措施；

（3）主框架内侧应设有导轨。

4. 在竖向主框架的底部应设置水平支承桁架，其宽度与主框架相同，平行于墙面，其高度不宜小于 1.8m，用于支撑架体构架。

水平支承桁架结构构造应符合下列规定：

（1）桁架各杆件的轴线应相交于节点上，并宜用节点板构造连接，节点板的厚度不得小于 6mm；

（2）桁架上、下弦应采用整根通长杆件或设置刚性接头。腹杆上、下弦连接应采用焊接或螺栓连接；

（3）桁架与主框架连接处的斜腹杆宜设计成拉杆；

（4）架体构架的立杆底端必须放置在上弦节点各轴线的交汇处；

（5）内外两片水平桁架的上弦和下弦之间应设置水平支撑杆件，各节点必须是焊接或螺栓连接；

（6）水平支承桁架的两端与主框架的连接，可采用杆件轴线交汇于一点，且能活动的铰接点；或将水平支承桁架放在竖向主框架的底端的桁架底框中。

5. 附着支承结构应包括附墙支座、悬臂（吊）梁及斜拉杆，其构造应符合下列规定：

（1）竖向主框架所覆盖的每个楼层处应设置一道附墙支座；

（2）使用工况，应将竖向主框架固定于附墙支座上；

（3）升降工况，附墙支座上应设有防倾、导向的结构装置；

（4）附墙支座应采用锚固螺栓与建筑物连接，受拉螺栓的螺母不得少于两个或采用弹簧垫圈加单螺母，螺杆露出螺母端部的长度不应少于 3 扣和 10mm，垫板尺寸应由设计确定，且不得小于 100mm×100mm×10mm；

（5）附墙支座支承在建筑物上连接处混凝土的强度应按设计要求确定，但不得小于 C10。

6. 架体构架宜采用扣件式钢管脚手架，其结构构造应符合《建筑施工扣件式钢管脚手架安全技术规范》JGJ 130—2011 的规定。架体构架应设置在两竖向主框架之间，并以纵向水平杆与之相连，其立杆应设置在水平支承桁架的节点上。

7. 水平支承桁架最底层应设置脚手板并铺满铺牢，与建筑物墙面之间也应设置脚手板全封闭，宜设置可翻转的密封翻板。在脚手板的下面应用安全网兜底。

8. 架体悬臂高度不得大于架体高度（H）的 2/5 和 6m；

9. 当水平支承桁架不能连续设置时，局部可采用脚手架杆件进行连接，但其长度不得大于 2.0m。并且必须采取加强措施，确保其强度和刚度不得低于原有的桁架。

10. 物料平台不得与附着式升降脚手架各部位和各结构构件相连，其荷载应独立的直接传递给建筑工程结构。

11. 当架体遇到塔式起重机、施工升降机、物料平台需断开或开洞时，断开处应加设栏杆和封闭，开口处应有可靠的防止人员及物料坠落的措施。

12. 架体外立面必须沿全高连续设置剪刀撑，并应将竖向主框架、水平支承桁架和架体构架连成一体，剪刀撑斜杆水平夹角为 45°～60°；应与所覆盖架体构架上每个主节点的立杆或横向水平杆伸出端扣紧；悬挑端应以竖向主框架为中心成对设置对称斜拉杆，其水平夹角不应小于 45°。

13. 架体结构在以下部位应采取可靠的加强构造措施：

（1）与附墙支座的连接处；

（2）架体上提升机构的设置处；

（3）架体上防坠、防倾装置的设置处；

（4）架体吊拉点设置处；

（5）架体平面的转角处；

（6）架体因碰到塔式起重机、施工升降机、物料平台等设施而需要断开或开洞处；

（7）其他有加强要求的部位。

14. 附着式升降脚手架的安全防护措施应满足以下要求：

（1）架体外侧必须用在 100cm² 的面积上有大于或等于 2000 目的密目式安全立网全封闭；密目式安全立网必须可靠地固定在架体上；

（2）作业层外侧应设置 1.2m 高的防护栏杆和 180mm 高的挡脚板；

（3）作业层应设置固定牢靠的脚手板，其与结构之间的间距应满足《建筑施工扣件式钢管脚手架安全技术规范》JGJ 130—2011 的相关规定。

15. 附着式升降脚手架构配件的制作必须符合以下要求：

（1）具有完整的设计图纸、工艺文件、产品标准和产品质量检验规程；制作单位应有完善有效的质量管理体系；

（2）制作构配件的原、辅材料的材质及性能应符合设计要求，并应按规定对其进行验证和检验；

（3）加工构配件的工装、设备及工具应满足构配件制作精度的要求，并定期进行检查，工装应有设计图纸；

（4）构配件应按照工艺要求及检验规程进行检验；对附着支承结构、防倾、防坠落装置等关键部件的加工件必须进行 100% 检验；构配件出厂时，应提供出厂合格证。

16. 附着式升降脚手架必须在每个竖向主框架处设置升降设备，升降设备应采用电动葫芦或电动液压设备，单跨升降时可采用手动葫芦：

（1）升降设备必须与建筑结构和架体有可靠连接；

（2）固定电动升降动力设备的建筑结构必须安全可靠；

（3）设置电动液压设备的架体部位，应有加强措施。

（二）安全装置

1. 附着式升降脚手架必须具有防倾覆、防坠落和同步升降控制的安全装置方可使用。

2. 防倾覆装置应符合下列规定：

（1）防倾覆装置中必须包括导轨和两个以上与导轨连接的可滑动的导向件；

（2）在防倾导向件的范围内必须设置防倾覆导轨，且必须与竖向主框架可靠连接；

（3）在升降和使用两种工况下，最上和最下两个导向件之间的最小间距不得小于 2.8m 或架体高度的 1/4；

（4）应具有防止竖向主框架倾斜的功能；

（5）应用螺栓与附墙支座连接，其装置与导轨之间的间隙应小于 5mm。

3. 防坠落装置必须符合以下规定：

（1）应设置在竖向主框架处并附着在建筑结构上，每一升降点不得少于一个，在使用和升降工况下都必须起作用；

（2）必须是机械式的全自动装置，严禁使用每次升降都需重组的手动装置；

（3）技术性能除应满足承载能力要求外，还应符合表 7-1 的规定；

（4）应具有防尘防污染的措施，并应灵敏可靠和运转自如；

（5）防坠落装置与升降设备必须分别独立固定在建筑结构上；

（6）钢吊杆式防坠落装置，钢吊杆的规格应由计算确定，且不应小于 ϕ25mm。

防坠落装置技术性能　　　　　　　　　　　　　表 7-1

脚手架类别	制动距离（mm）
整体式升降脚手架	≤80
单跨式升降脚手架	≤150

4. 同步控制装置应符合下列规定：

（1）附着式升降脚手架升降时，必须配备有限制荷载或水平高差的同步控制系统。连续式水平支承桁架，应采用限制荷载自控系统；简支静定水平支撑桁架，应采用水平高差同步自控系统，若设备受限时可选择限制荷载自控系统。

（2）限制荷载自控系统应具有下列功能：

1）当某一机位的荷载超过设计值的15%时，应以声光形式自动报警和显示报警机位，当超过30%时，应能使该升降设备自动停机；

2）应具有超载、失载、报警和停机的功能。宜增设显示记忆和储存功能；

3）除应具有本身故障报警功能外，并应适应现场环境；

4）性能应可靠、稳定，控制精度应在5%以内。

（3）水平高差同步控制系统应具有下列功能：

1）当水平支承桁架两端高差达到30mm时，应能自动停机，待查明原因并调整后再升降；

2）应具有显示各提升点的实际升高和超高的数据并有记忆和储存的功能；

3）不得采用附加重量的措施控制同步。

（三）安装

1. 附着式升降脚手架必须按照专项施工方案组织施工。

2. 附着式升降脚手架在首层安装前应设置安装平台，安装平台应有保障施工人员安全的防护设施，安装平台的水平精度和承载能力应满足架体安装的要求。

3. 安装时应符合以下规定：

（1）相邻竖向主框架的高差不应大于20mm；

（2）竖向主框架和防倾导向装置的垂直偏差不应大于5‰和60mm；

（3）预留穿墙螺栓孔和预埋件应垂直于建筑结构外表面，其中心误差应小于15mm；

（4）建筑结构混凝土强度应由计算确定，但不应小于C10；

（5）升降机构连接正确且牢固可靠；

（6）安全控制系统的设置和试运行效果应符合设计要求；

（7）升降动力设备工作正常。

4. 附着支撑结构的安装应符合设计规定，严禁少装或使用不合格螺栓及连接件。

5. 安全保险装置应全部合格，安全防护设施应齐备且符合设计要求，并应设置必要的消防设施。

6. 电源、电缆及控制柜等的设置应符合《施工现场临时用电安全技术规范》JGJ 46—2005 的有关规定。

7. 采用扣件式脚手架搭设的架体构架，其构造应符合《建筑施工扣件式钢管脚手架安全技术规范》JGJ 130—2011 要求。

8. 升降设备、同步控制系统及防坠落装置等专项设备，应分别采用同一厂家的产品。

9. 升降设备、控制系统、防坠落装置等应有防雨、防砸、防尘等措施。

（四）升降

1. 附着式升降脚手架可采用手动、电动和液压三种升降形式：

（1）单跨架体升降时，可采用手动、液压和电动；

（2）两跨以上的架体同时整体升降时，应采用电动或液压设备。

2. 附着式升降脚手架每次升降前，应按照升降前相关检查规定进行检查，经检查合格后，方可进行升降。

3. 附着式升降脚手架的升降操作必须遵守以下规定：

（1）升降作业的程序规定和技术要求；

（2）操作人员不得停留在架体上；

（3）升降过程中不得有施工荷载；

（4）所有妨碍升降的障碍物已经拆除；

（5）所有影响升降作业的约束已经拆开；

（6）各相邻提升点间的高差不得大于 30mm，整体架最大升降差不得大于 80mm。

4. 升降过程中应实行统一指挥、统一指令。升、降指令应由总指挥一人下达，但当有异常情况出现时，任何人均可立即发出停止指令。

5. 采用环链葫芦作升降动力时，应严密监视其运行情况，及时排除翻链、铰链和其他影响正常运行的故障。

6. 采用液压设备作升降动力时，应排除液压系统的泄漏、失压、颤动、油缸爬行和不同步等问题和故障，确保正常工作。

7. 架体升降到位后，必须及时按使用状况要求进行附着固定；在没有完成架体固定工作前，施工人员不得擅自离岗或下班。

8. 附着式升降脚手架架体升降到位固定后，应按升降脚手架使用前检查表进行检查，合格后方可使用；遇五级（含五级）以上大风和大雨、大雪、浓雾和雷雨等恶劣天气时，严禁进行升降作业。

（五）使用

1. 附着式升降脚手架必须按照设计性能指标进行使用，不得随意扩大使用范围；架体上的施工荷载必须符合设计规定，严禁超载，严禁放置影响局部杆件安全的集中荷载。

2. 架体内的建筑垃圾和杂物应及时清理干净。

3. 附着式升降脚手架在使用过程中严禁进行下列作业：

（1）利用架体吊运物料；

（2）在架体上拉结吊装缆绳（索）；

（3）在架体上推车；

（4）任意拆除结构件或松动连接件；

（5）拆除或移动架体上的安全防护设施；

（6）利用架体支撑模板或卸料平台；

（7）其他影响架体安全的作业。

4. 当附着式升降脚手架停用超过三个月时，应提前采取加固措施。

5. 当附着式升降脚手架停用超过一个月或遇六级（含六级）以上大风后复工时，必须进行检查，确认合格后方可使用。

6. 螺栓连接件、升降设备、防倾装置、防坠落装置、电控设备、同步控制装置等应每月进行维护保养。

（六）拆除

1. 附着式升降脚手架的拆除工作必须按专项施工方案及安全操作规程的有关要求进行。

2. 必须对拆除作业人员进行安全技术交底。

3. 拆除时应有可靠的防止人员与物料坠落的措施，拆除的材料及设备严禁抛扔。

4. 拆除作业必须在白天进行。遇五级（含五级）以上大风和大雨、大雪、浓雾和雷雨等恶劣天气时，严禁进行拆卸作业。

第三节　《建筑施工升降设备设施检验标准》 JGJ 305—2013

检验内容及要求

1. 架体结构应符合下列规定：

（1）所有主要承力构件应无明显塑性变形、裂纹、严重锈蚀等缺陷；

（2）架体总高度应与施工方案相符，且不应大于所附着建筑物5倍楼层高；

（3）架体宽度不应大于1.2m；

（4）架体支承跨度应符合设计要求，直线布置的架体支承跨度不应大于7m，折线或曲线布置的架体支承跨度不应大于5.4m；

（5）架体的水平悬挑长度不应大于1/2水平支承跨度，并不应大于2m，单跨式附着升降脚手架架体的水平悬挑长度不应大于1/4的支承跨度；

（6）架体全高与支承跨度的乘积不应大于110m²；

（7）相邻提升机位间的高差不得大于30mm，整体架最大升降差不得大于80mm。

2. 竖向主框架应符合下列规定：

（1）附着式升降脚手架应在附着支承结构部位设置与架体高度相等的竖向主框架，竖向主框架应为桁架或刚架结构。其杆件连接的节点应采用焊接或螺栓连接，并应与水平支撑桁架和架体构架构成空间几何不可变体系的稳定结构；

（2）主框架的强度和刚度应满足设计要求；

（3）主框架内侧应设置导轨，主框架与导轨应采用刚性连接；

（4）竖向主框架的垂直偏差不应大于5/1000，且不应大于60mm。

3. 水平支承桁架杆件的轴线应相交于节点上，各节点应采用焊接或螺栓连接，且应为定型桁架结构。在相邻两榀竖向主框架中间应连续设置。

4. 架体构架应符合下列规定：

（1）架体构架相邻立杆连接接头不应在同一水平面上，且不得搭接；对底部采用套接或插接的可除外；

（2）架体外立面应沿全高设置剪刀撑，剪刀撑的斜杆水平夹角应为45°～60°，并应将

竖向主框架、水平支承桁架和架体构架连成一体;

(3) 架体应在下列部位采取可靠的加强构造措施:

1) 架体与附墙支座的连接处;

2) 架体上提升机构的设置处;

3) 架体上防坠、防倾装置的设置处;

4) 架体吊拉点设置处;

5) 架体平面的转角处;

6) 当遇到塔式起重机、施工升降机、物料平台等设施,需断开处。

(4) 各扣件、连接螺栓应齐全、紧固,扣件螺栓拧紧力矩应为 40~65N·m。采用扣件式脚手架搭设的架体,其步距应符合现行行业标准《建筑施工扣件式钢管脚手架安全技术规范》JGJ 130—2011 的要求;

(5) 架体悬挑端应以竖向主框架为中心成对设置对称斜拉杆,其水平夹角不应小于 45°;

(6) 在升降和使用工况下,架体悬臂高度均不应大于架体高度的 2/5,并不应大于 6m;

(7) 物料平台不得与附着式升降脚手架各部位和各结构构件相连或干涉,其荷载应直接传递给建筑工程结构。

5. 竖向主框架所覆盖的高度内每一个楼层均应设置一处附墙支座,且应符合下列规定:

(1) 附墙支座锚固处的混凝土强度应达到专项方案设计值,且应大于 C10;

(2) 附墙支座锚固螺栓孔应垂直于工程结构外表面;

(3) 附墙支座锚固螺栓应采取防松措施,螺栓露出螺母端部的长度不应少于 3 倍螺距,并不应小于 10mm;

(4) 附墙支座锚固螺栓垫板规格不应小于 100mm×100mm×10mm;

(5) 附墙支座锚固处应采用两根或以上的附着锚固螺栓。

6. 防倾装置应符合下列规定:

(1) 每一个附墙支座上应配置防倾装置;

(2) 防倾装置应采用螺栓或焊接与附着支承结构连接,不得采用扣件方式连接;

(3) 在升降工况下,最上和最下两个导向件之间的最小间距不应小于架体高度的 1/4 或 2.8m。

7. 架体升降到位后,每一附墙支座与竖向主框架应采取固定装置或措施。

8. 防坠装置应符合下列规定:

(1) 防坠装置在使用和升降工况下均应设置在竖向主框架部位,并应附着在建筑物上,每一个升降机位不应少于一处;

(2) 防坠装置应有安装时的检验记录。

9. 防坠装置与提升设备严禁设置在同一个附墙支承结构上。

10. 架体安全防护应符合现行行业标准《建筑施工扣件式钢管脚手架安全技术规范》JGJ 130—2011 的规定,并应符合下列规定:

(1) 架体外侧应用密目式安全网等进行全封闭;

（2）架体底层的脚手板应铺设严密，在脚手板的下部应采用安全网兜底，与建筑物外墙之间应采用硬质翻板封闭；

（3）作业层外侧应设置 1.2m 高的防护栏杆和 180mm 高的挡脚板；

（4）当整体式附着升降脚手架中间断开时，其断开前必须封闭，并应加设防护栏杆；

（5）使用工况下架体与工程结构表面之间应采取可靠的防止人员和物料坠落的防护措施。

11. 同步控制装置应符合下列规定：

（1）当附着式升降脚手架升降时，应配备有限制荷载自控系统或水平高差的同步控制系统；

（2）限制荷载自控系统应具有超载 15％时的声光报警和显示报警机位，超载 30％时，应具有自动停机的功能；

（3）水平高差同步控制系统应具有当水平支承桁架两端高差达到 30mm 时能自动停机功能。

12. 中央控制装置应符合下列规定：

（1）应具备点控群控功能；

（2）应具有显示各机位即时荷载值及状态的功能；

（3）升降的控制装置，应放置在楼面上，不应设在架体上。

13. 提升设备应符合下列规定：

（1）提升设备应与建筑结构和架体有可靠连接；

（2）吊钩不应有裂纹、剥裂，不得补焊；

（3）液压提升装置管路应无渗漏；

（4）钢丝绳应符合现行国家标准《起重机 钢丝绳 保养、维护、安装、检验和报废》GB/T 5972—2010 的规定。

14. 电气系统应符合下列规定：

（1）供电系统应符合现行行业标准《施工现场临时用电安全技术规范》JGJ 46—2005 的规定；

（2）应设置专用开关箱；

（3）绝缘电阻不应小于 0.5MΩ。

15. 附着式脚手架架体上应有防火措施。

第四节 《建筑施工高处作业安全技术规范》 JGJ 80（新版）

一、应用范围

本规范适用于建筑工程施工高处作业中的临边、洞口、攀登、悬空、操作平台及安全网搭设等项作业。

本规范亦适用于其他高处作业的各类洞、坑、沟、槽等工程施工。

二、基本规定

1. 在施工组织设计或施工方案中凡涉及临边与洞口作业、攀登与悬空作业、操作平台、交叉作业及安全网搭设的，应有相应的高处作业安全技术措施。

2. 高处作业施工前，应按类别对安全防护设施进行检查、验收，验收合格后方可进行作业，并应按实记录；验收可分层或分阶段进行。

3. 高处作业施工前，应对作业人员进行安全技术交底，按实记录，对初次作业人员进行培训。

4. 应按类别有针对性地将各类安全警示标志悬挂于施工现场各相应部位，夜间应设红灯警示。高处作业施工前，应检查高处作业的安全标志、工具、仪表、电气设施和设备，确认其完好，方可进行施工。

5. 高处作业人员应配备高处作业安全防护用品，并应按规定正确佩戴和使用相应的安全防护用品、用具。

6. 对施工作业现场可能坠落的物料，应及时拆除或采取固定措施。高处作业所用的物料应堆放平稳，不得妨碍通行和装卸。工具应随手放入工具袋；作业中的走道、通道板和登高用具，应随时清理干净；拆卸下的物料及余料和废料应及时清理运走，不得随意放置或向下丢弃。传递物料时不得抛掷。

7. 高处作业应按现行国家标准《建设工程施工现场消防安全技术规范》GB 50720—2011 的规定，采取防火措施。

8. 在雨、霜、雾、雪等天气进行高处作业时，应采取防滑、防冻措施，并应及时清除作业面上的水、冰、雪、霜。

当遇有 6 级及 6 级以上强风、浓雾、沙尘暴等恶劣气候，不得进行露天攀登与悬空高处作业。暴风雪及台风暴雨后，应对高处作业安全设施进行检查，当发现有松动、变形、损坏或脱落等现象时，应立即修理完善，维修合格后使用。

9. 需要临时拆除或变动安全防护设施时，应采取可靠措施，作业后应立即恢复。

10. 安全防护设施验收应包括下列主要内容：

（1）防护栏杆的设置与搭设；

（2）攀登与悬空作业的用具与设施搭设；

（3）操作平台及平台防护设施的搭设；

（4）防护棚的搭设；

（5）安全网的设置；

（6）安全防护设施、设备的性能与质量、所用的材料、配件的规格；

（7）设施的节点构造，材料配件的规格、材质及其与建筑物的固定、连接状况。

11. 安全防护设施验收资料应包括下列主要内容：

（1）施工组织设计中的安全技术措施或施工方案；

（2）安全防护用品用具、材料和设备产品合格证明；

（3）安全防护设施验收记录；

（4）预埋件隐蔽验收记录；

（5）安全防护设施变更记录。

12. 应有专人对各类安全防护设施进行检查和维修保养，发现隐患及时采取整改措施。

13. 安全防护设施宜采用定型化、工具化设施，防护栏应做黑黄（或红白）相间的条纹标示，盖件应做黄（或红）色标示。

参 考 文 献

［1］ JGJ 59—2011 建筑施工安全检查标准. 北京：中国建筑工业出版社，2012.
［2］ JGJ 202—2010 建筑施工工具式脚手架安全技术规范. 北京：中国建筑工业出版社，2011.
［3］ JGJ 305—2013 建筑施工升降设备设施检验标准. 北京：中国建筑工业出版社，2014.
［4］ JGJ 80—1991 建筑施工高处作业安全技术规范. 北京：中国计划出版社，1991.
［5］ JGJ 146—2013 建筑施工现场环境与卫生标准. 北京：中国建筑工业出版社，2014.
［6］ 胡曙海. 附着升降脚手架的工程应用研究. 国外建材科技，2006.
［7］ 谢永超. 附着升降脚手架在超高层建筑施工中的应用. 施工技术；2006.
［8］ 岳伟保，赵守方. 建筑施工附着升降脚手架的设计计算分析. 山西建筑，2006.
［9］ 张强. 附着式升降脚手架的监理研究. 山西建筑，2009.
［10］ 姚兴国，丁阳华，郭正兴. 两起电动整体升降脚手架坠落事故的分析与思考. 建筑施工，1998.
［11］ 徐伟，陈东杰. 模板与脚手架工程详细图集. 北京：中国建筑工业出版社，2002.
［12］ 本书编写组. 建筑施工手册，第 4 版. 北京：中国建筑工业出版社，2003.
［13］ 郑少瑛. 土木工程施工组织. 北京：中国电力出版社，2007.
［14］ 王玉龙. 扣件式钢管脚手架计算手册，第 1 版. 北京：中国建筑工业出版社，2008.
［15］ 胡曙海. 附着升降脚手架技术与管理研究. 武汉理工大学，2005.
［16］ 李海军. 高层建筑附着升降脚手架施工技术. 中外建筑，2011.
［17］ 冯光灿. 高层建筑附着式升降脚手架施工技术探讨. 四川建筑科学研究，2012.
［18］ 岳峰，李国强. 高层建筑施工附着整体升降钢管脚手架. 上海：同济大学出版社，2007.